書いて覚える 塗って身につく

# 動物解剖学ノート

尼崎 肇［編著］

講談社

# 執筆者一覧


＊尼﨑　肇　日本獣医生命科学大学獣医学科　教授（1～4、45、46）
市原伸恒　麻布大学獣医学部　准教授（21～24）
植田弘美　酪農学園大学獣医学群　准教授（13～20）
大石元治　麻布大学獣医学部　講師（7～12）
小川和重　大阪府立大学大学院生命環境科学研究科　教授（47～50）
九郎丸正道　東京大学大学院農学生命科学研究科　教授（25～31）
五味浩司　日本大学生物資源科学部　教授（37）
昆　泰寛　北海道大学大学院獣医学研究科　教授（51）
柴田秀史　東京農工大学大学院農学研究院　教授（52～55）
添田　聡　日本獣医生命科学大学獣医学科　准教授（5、6）
竹花一成　元 酪農学園大学獣医学群　教授（13～20）
保坂善真　鳥取大学農学部　教授（32～36）
松元光春　鹿児島大学共同獣医学部　教授（56）
吉岡一機　北里大学獣医学部　准教授（38～44）


（五十音順、＊印は編著者、かっこ内は担当 Unit）

# まえがき

はじめに、本書の出版にあたり快く執筆をお引き受け頂いた獣医解剖学会の先生方に深く感謝致します。

さて、本書の出版の経緯は数年前に遡ります。いつも懇意にしておりました獣医寄生虫病学の故 今井壯一 日本獣医生命科学大学・名誉教授から、講談社サイエンティフィクの小笠原さんをご紹介いただきました。小笠原さんは東京大学農学部に学んだ経歴がある方で、すでに今井教授と講談社からいくつかの本を出版されておりました。雑談が進む中、本邦では獣医解剖学関連の書籍はかなりあるものの、いまだ学生が一人で学べるような書籍は数少ないとのことに話が及びました。

獣医学を学ぶ学生は、獣医学科に進学して必ず最初に獣医解剖学や獣医生理学などの基礎獣医学科目を学ぶことになっています。これらの科目はこれまでに高校では学んだことのないものであり、そのため急に膨大な知識を理解し、記憶しなければならず、苦労している学生も多いのが現実です。その一助となるべく、本書は獣医学入門のための知識を自習で確認できることをコンセプトとしています。また、最近の獣医学教育では5年次からの専門課程の充実とそのためのチェックポイントとしてCBTと呼ばれる基礎獣医学の基本確認試験が実施され始めました。ところが実際に確認試験が実施される4年次から5年次では、すでに獣医解剖学の授業を終えてから数年たってしまっており、もう一度思い出し直す必要が生じてしまいます。もちろん、国家試験を受験する6年次になって同じことがまた生じてしまいます。大学で学んだ知識を自分でもう一度確認することが必要になります。そんな時、ぜひ本書を使われることをお勧めします。また本書は、ごく必要と考えられる知識を中心に、とくに見やすさを重視した模式図中心のクイズ形式の書籍としてつくられております。そのため獣医学以外の獣医看護学などを学んでいる学生さんや関心のある一般の方でもひとりで楽しく学べる自習書と考えております。本書は、それぞれテーマごとに図中の用語を赤いシートを使って何度でも確認し、さらに、構造部位の特定は塗り絵形式で学べるようになっております。加えてCBTや国家試験に対応した5択問題も併せて各章末に用意されております。

最後に、本書の全てのイラストの書き下ろしをお願いした長女の杏奈と、本書の出版にあたり常に家庭で私を支えてくれた妻の朝子に感謝いたします。

2016年3月吉日

尼崎　肇

# 目次


まえがき　3

本書の使い方　7

## イヌの体表から触って確認できる体の構造と臓器の位置

Unit 1　体の向きに関係する用語　8

Unit 2　骨格に関係する用語　10

Unit 3　知っておくと便利な体の構造と位置　12

Unit 4　体表から触れることができる筋肉などの構造と位置　14

力だめし問題　16

## 骨と関節

Unit 5　骨の構造　18

Unit 6　骨の組織学的構造　20

Unit 7　関節の構造　22

Unit 8　おもな関節　24

Unit 9　骨盤の構造　26

Unit 10　大腿と下腿の骨格　28

Unit 11　足根部の構造　30

Unit 12　後肢の関節　32

力だめし問題　34

## 筋の構造と位置

Unit 13　体表の筋膜と皮筋　36

Unit 14　体幹浅層の筋　38

Unit 15　体幹深層の筋　40

Unit 16　肩・腕・前腕の筋　42

Unit 17　前腕と指の筋　44

Unit 18　後肢の外側の筋　46

Unit 19　後肢の内側の筋　48

Unit 20　背筋と頸筋　50

力だめし問題　52

## 前肢・後肢の神経と血管

Unit 21　前肢の神経　54

Unit 22　前肢の血管　56

Unit 23　後肢の神経　58

Unit 24　後肢の血管　60

力だめし問題　62

## 頭部の器官と構造


Unit 25　おもな頭部の骨　64
Unit 26　頭蓋と頭蓋孔　66
Unit 27　眼と副眼器　68
Unit 28　鼻部　70
Unit 29　外耳・中耳・内耳　72
Unit 30　頭部の筋・血管・神経①　74
Unit 31　頭部の筋・血管・神経②　76
力だめし問題　78


## 消化器系


Unit 32　歯　80
Unit 33　口腔腺　82
Unit 34　口腔・舌・咽頭・食道　84
Unit 35　胃・小腸・大腸　86
Unit 36　肝臓と膵臓　88
力だめし問題　90


## 体腔と循環器系・呼吸器系


Unit 37　体腔と漿膜　92
Unit 38　循環器系の構造　94
Unit 39　心臓　96
Unit 40　胸腔内の血管　98
Unit 41　腹腔内の血管　100
Unit 42　大動脈弓から分岐する血管　102
Unit 43　頭部と頸部の血管　104
Unit 44　おもなリンパ節　106
Unit 45　頭部と頸部の呼吸器　108
Unit 46　肺　110
力だめし問題　112


## 尿生殖器系


Unit 47　腎臓・尿管・膀胱・尿道のおもな構造　114
Unit 48　腎臓　116
Unit 49　雌性生殖器系①　118
Unit 50　雌性生殖器系②　120
Unit 51　雄性生殖器系　122
力だめし問題　124

## 神経系・内分泌系


Unit 52　脳のおもな構造　126
Unit 53　脳神経　128
Unit 54　脊髄と脊髄神経　130
Unit 55　自律神経　132
Unit 56　おもな内分泌器官　134
力だめし問題　136

**塗り分け問題の解答**　138
**索引**　157


本文イラスト　尼崎杏奈
（博物館学と美術館学でオーストラリア・クイーンズランド大学大学院修士課程修了）

# 本書の使い方

**答えを空欄に書き込む**
実際に解剖学用語を書いて、用語や漢字に慣れましょう。
解答は、問題の右ページ下にあります。

**線画に色を塗る**
重要な臓器や構造に色を塗って、位置や形を把握しましょう。
塗り分け問題の解答は巻末138ページ以降に掲載しています。
（インクで色を塗ると裏移りすることがあります。色鉛筆などの使用を推奨します）

## Unit13　体表の筋膜と皮筋
### 筋の構造と位置

体表の皮下には皮筋（顔面皮筋、頸皮筋（広頸筋）、肩上腕皮筋、体幹皮筋）があり、筋膜とよばれる結合組織性の膜が体表をおおっています。

**問題1** 図中1〜11が示す筋膜の名称を下の空欄に入れましょう。（答は右ページ下）
**問題2** 体幹皮筋の部分に色を塗りましょう。（答は巻末）

外側面の最表層

1 [　　　　　　　]（皮筋）
2 [　　　　　　　]（皮筋）
3 [　　　　　　　]（皮筋）
4 [　　　　　　　]（筋膜）
5 [　　　　　　　]（筋膜）
6 [　　　　　　　]（筋膜）
7 [　　　　　　　]（筋膜）
8 [　　　　　　　]（筋膜）
9 [　　　　　　　]（筋膜）
10 [　　　　　　　]（筋膜）
11 [　　　　　　　]（筋膜）

【解答】
1 頭（顔面皮）筋膜　2 頸（皮）筋膜　3 肩上腕（皮）筋膜　4 前腕筋膜
5 胸腰筋膜　6 胸腰筋膜　7 寛筋膜　8 殿筋膜　9 外側大腿筋膜
10 内側大腿筋膜　11 下腿筋膜

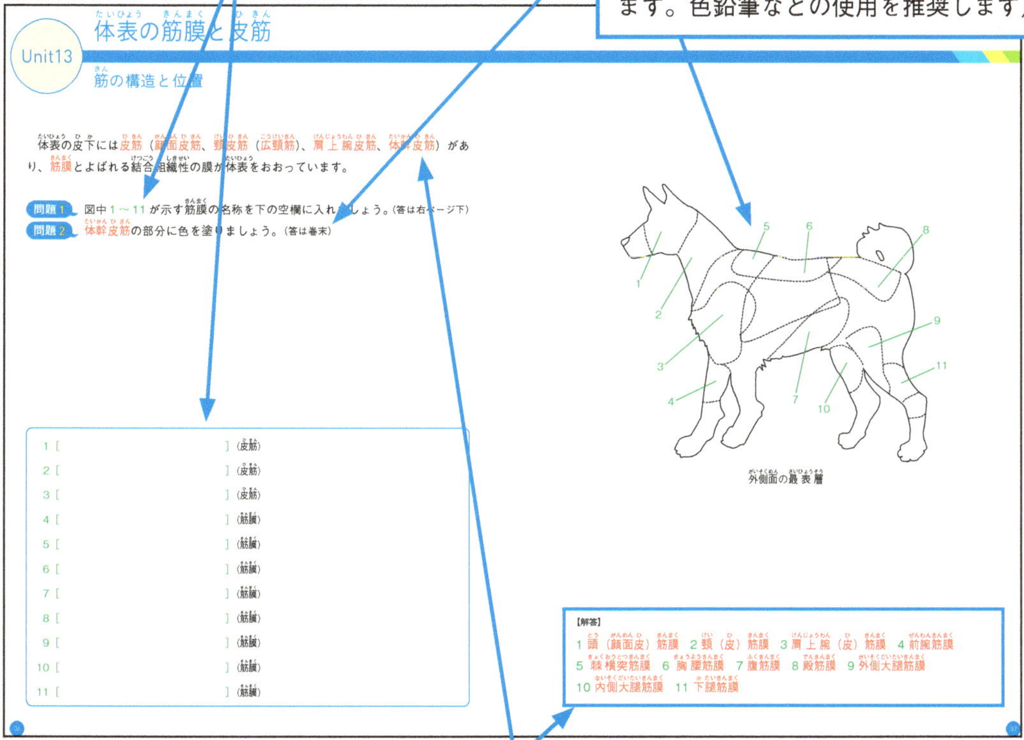

**赤シートを使って効率的に理解する**
空欄問題の解答や解説文中の重要な用語は、付属の赤シートで隠せます。

### 筋の構造と位置
#### 力だめし問題（答は右ページ下）

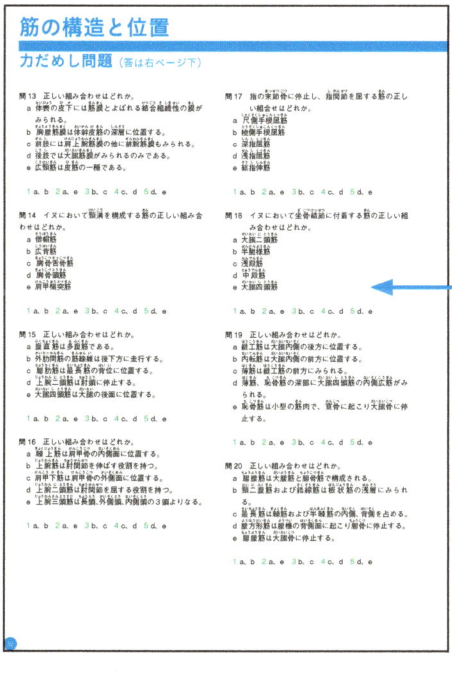

**関連テーマの選択問題で知識を補強**
各テーマに関連のある選択問題を解きましょう。
本文の復習問題もあれば、さらに上級の内容もあります。
繰り返し解いて、知識をパワーアップしましょう。

# Unit1 体の向きに関係する用語

## イヌの体表から触って確認できる体の構造と臓器の位置

　動物体の構造は頭(あたま)、頸(くび)、体幹(たいかん)、尾(び)、四肢(しし)を持つ３次元的な立体であることから、体の向きを示す用語を知っておく必要があります。とくに私たちが知っているイヌなどの動物は、四肢動物であり、ヒトとは異なった姿勢であることから、体の向きを表す用語にはヒトと異なったよび方をするものがあります。

**問題1**　図中１〜８が示す用語を下の空欄に記入しましょう。(答は右ページ下)

1 [　　　　　　　　　　] (前側(ぜんそく))

2 [　　　　　　　　　　] (後側(こうそく))

3 [　　　　　　　　　　] (中心位に近い側(ちゅうしんい))

4 [　　　　　　　　　　] (中心位から遠い側(ちゅうしんい))

5 [　　　　　　　　　　] (上側(じょうそく))

6 [　　　　　　　　　　] (下側(かそく))

7 [　　　　　　　　　　] (前肢の内側(ぜんしないそく))

8 [　　　　　　　　　　] (前肢の外側(ぜんしがいそく))

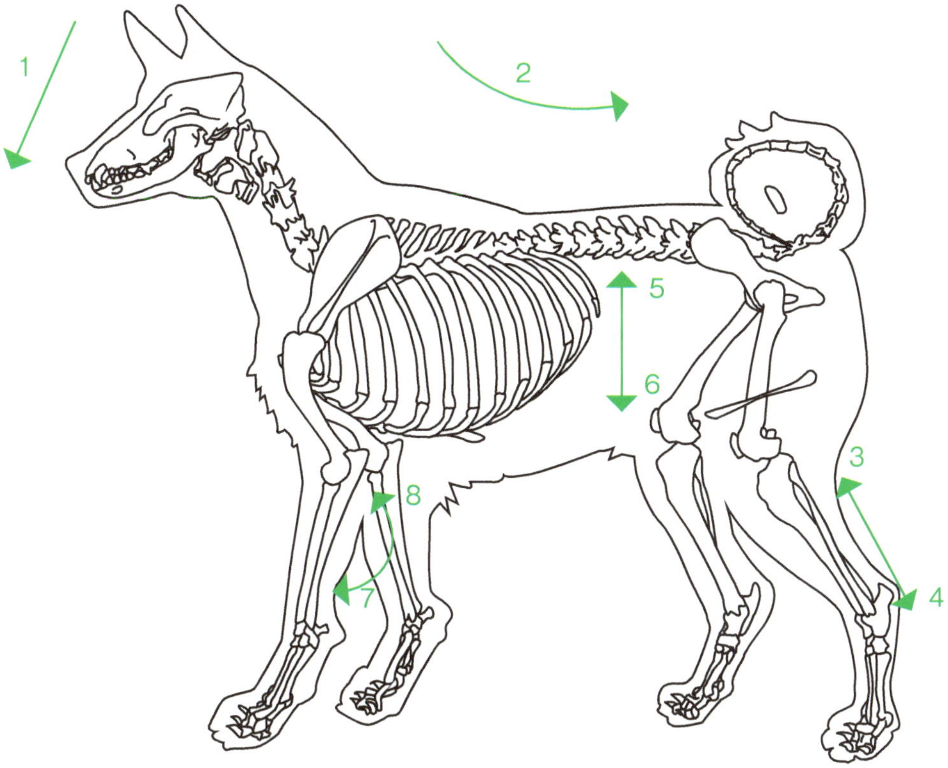


【解答】

1 吻側（ふんそく） 2 尾側（びそく） 3 近位（きんい） 4 遠位（えんい） 5 背側（はいそく） 6 腹側（ふくそく） 7 橈側（とうそく） 8 尺側（しゃくそく）

# Unit2 骨格に関係する用語

## イヌの体表から触って確認できる体の構造と臓器の位置

体表から触れることができる部位は、体の内部の構造をみつけるためのランドマークを担っています。たとえば頭部では眼窩、下顎角、頸部で環椎翼（第一頸椎の横突起）、胸部では胸骨柄、剣状突起、最後肋骨、背部では椎骨の棘突起、殿部では寛結節（腹側腸骨棘）、仙結節（背側腸骨棘）、坐骨棘、前肢では肩甲骨背側縁、肩甲棘、肘頭、副手根骨、後肢では大転子（大腿骨）などをあげることができます。

**問題1** 図中1～14が示す用語を下の空欄に記入しましょう。（答は右ページ下）

**問題2** 眼窩、下顎角、環椎翼、寛結節、肩甲棘、肘頭、副手根骨、大転子、胸骨柄、最後肋骨に色を塗りましょう。（答は巻末）

1 [　　　　　　　　] （下顎の関節部）

2 [　　　　　　　　] （耳の穴）

3 [　　　　　　　　] （下顎吻側端外側の穴）

4 [　　　　　　　　] （頬骨の弓状部分）

5 [　　　　　　　　] （椎骨の上部の突起）

6 [　　　　　　　　] （胸骨吻側端の突起）

7 [　　　　　　　　] （膝の小骨）

8 [　　　　　　　　] （骨盤骨上部の内側部）

9 [　　　　　　　　] （肩甲骨の上縁）

10 [　　　　　　　　] （肩甲骨外側の突起下端の突出部）

11 [　　　　　　　　] （肩甲骨と上腕骨間の関節）

12 [　　　　　　　　] （手首の関節）

13 [　　　　　　　　] （踵の小骨）

14 [　　　　　　　　] （雄のみに見られる骨）

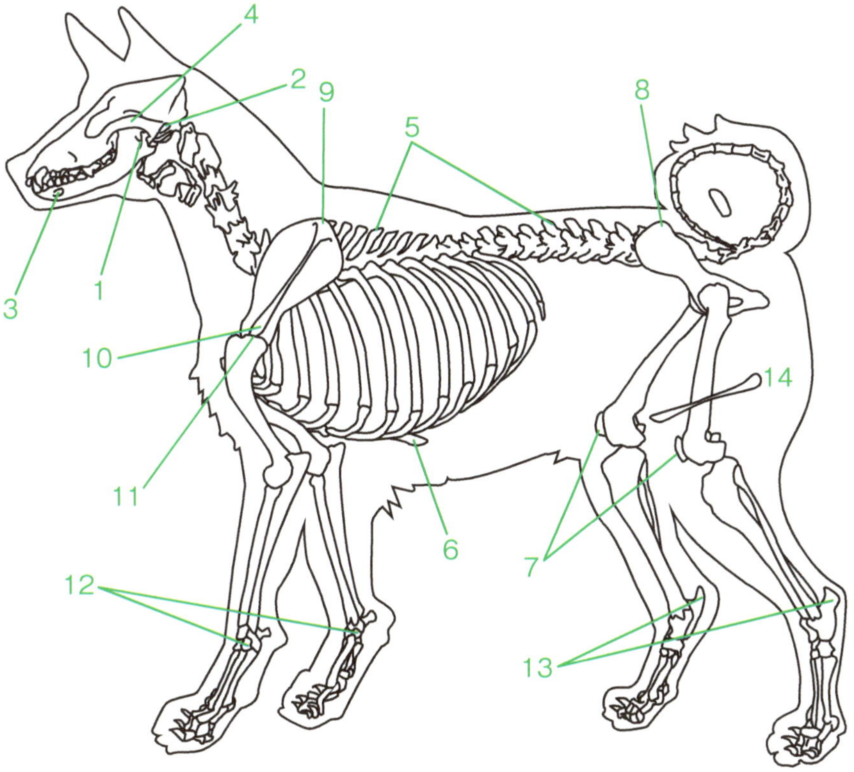


【解答】

1 側頭下顎関節（顎関節） 2 外耳孔 3 オトガイ孔 4 頬骨弓 5 棘突起
6 剣状突起 7 膝蓋骨 8 背側腸骨棘（仙結節） 9 背側縁 10 肩峰
11 肩関節 12 手根関節 13 踵骨 14 陰茎骨

# Unit3 知っておくと便利な体の構造と位置

## イヌの体表から触って確認できる体の構造と臓器の位置

体表から触れることができたり、X線で観察可能な体の臓器や器官の位置を知っておくことによって、診断時の聴診、触診あるいは血管注射を行うための部位を理解しやすくなります。

**問題1** 図中1～9が示す臓器名あるいは器官名を下の空欄に記入しましょう。(答は右ページ下)

**問題2** 耳下腺、外頸静脈、心臓、肝臓、膀胱のある位置に色を塗りましょう。(答は巻末)

1 [　　　　　　　　　　] (吻側の臼歯)

2 [　　　　　　　　　　] (大唾液腺の1つ)

3 [　　　　　　　　　　] (リンパ節)

4 [　　　　　　　　　　] (リンパ節)

5 [　　　　　　　　　　] (臓器)

6 [　　　　　　　　　　] (リンパ節)

7 [　　　　　　　　　　] (前腕部前外側の皮下にある血管)

8 [　　　　　　　　　　] (下腿外足根骨付近の血管)

9 [　　　　　　　　　　] (膝窩部の皮下にあるリンパ節)

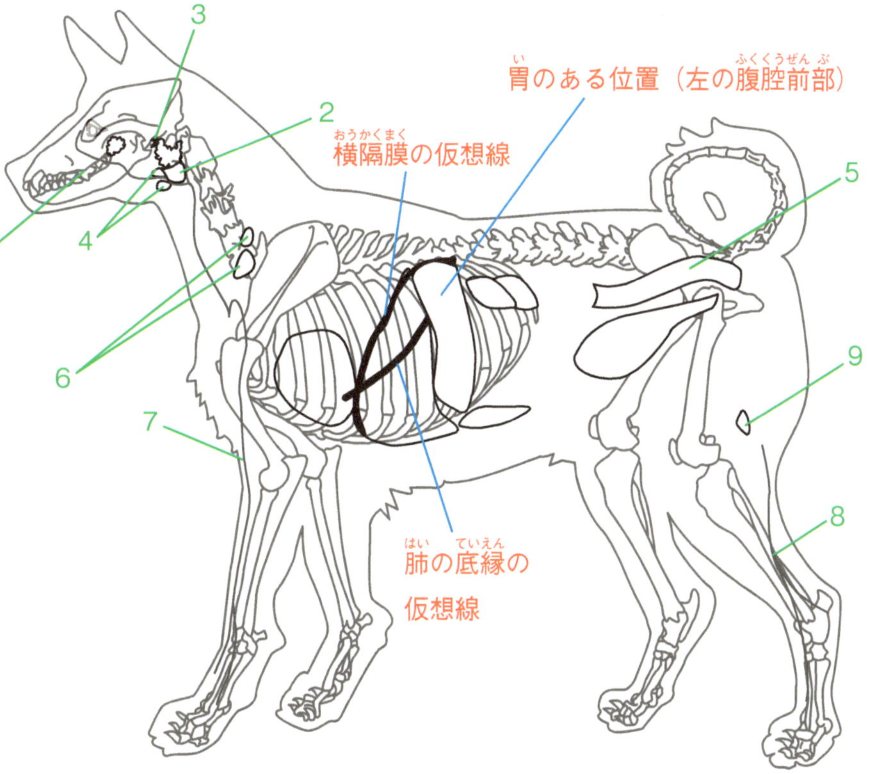


【解答】

1 前臼歯　2 下顎腺　3 耳下腺リンパ節　4 下顎リンパ節　5 下行結腸
6 浅頸リンパ節　7 橈側皮静脈　8 伏在静脈　9 膝窩リンパ節

# Unit4 体表から触れることができる筋肉などの構造と位置

## イヌの体表から触って確認できる体の構造と臓器の位置

体表から触れることができる筋肉を知っておくことは、歩行、咀嚼などあらゆる運動を理解するために大切で、診断時にも役立ちます。咀嚼に関係する咬筋、前肢を前方に引き上げる上腕頭筋、前肢のすべての指へ向かう総指伸筋、後肢を引き上げるときに働く大腿二頭筋、後肢端を引き上げるときに働く筋肉をまとめている総踵骨腱などは、大切な構造です。

**問題1** 図中1～14が示す筋肉名を下の空欄に記入しましょう。（答は右ページ下）

**問題2** 咬筋、上腕頭筋、総指伸筋、大腿二頭筋、総踵骨腱にそれぞれ色を塗りましょう。（答は巻末）

1 [ ]（咀嚼筋）

2 [ ]（頚溝をつくる筋）

3 [ ]（肩甲骨外側面の筋）

4 [ ]（肩甲骨外側面の筋）

5 [ ]（肩甲骨下端の筋）

6 [ ]（上腕部の筋）

7 [ ]（手根部に終わる筋）

8 [ ]（手根部に終わる筋）

9 [ ]（手根部に終わる筋）

10 [ ]（外側の指の終わる筋）

11 [ ]（殿部の筋）

12 [ ]（殿部の筋）

13 [ ]（大腿部の筋）

14 [ ]（ふくらはぎの筋）

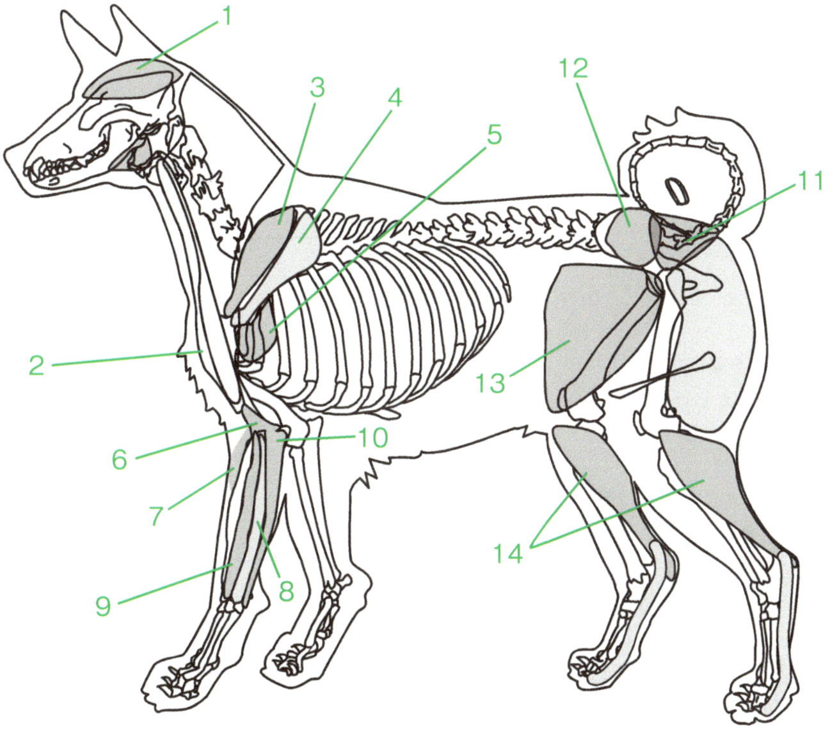

【解答】
1 側頭筋（そくとうきん）　2 胸骨頭筋（きょうこつとうきん）　3 棘上筋（きょくじょうきん）　4 棘下筋（きょくかきん）　5 三角筋（さんかくきん）　6 上腕二頭筋（じょうわんにとうきん）
7 橈側手根骨伸筋（とうそくしゅこんこつしんきん）　8 尺側手根骨伸筋（しゃくそくしゅこんこつしんきん）　9 外側指伸筋（がいそくししんきん）　10 尺側手根骨屈筋（しゃくそくしゅこんこつくっきん）
11 浅殿筋（せんでんきん）　12 中殿筋（ちゅうでんきん）　13 大腿四頭筋（だいたいしとうきん）　14 腓腹筋（ひふくきん）

# イヌの体表から触って確認できる体の構造と臓器の位置

## 力だめし問題（答は右ページ下）

**問1**　正しい組み合わせを選びなさい。

a　底側は腹側である。
b　矢状断面は体軸面に沿った断面である。
c　吻側は背側である。
d　橈側は外側位を示す。
e　近位は体の中心部から離れた向きである。

1 a、b　2 a、c　3 b、c　4 b、d　5 d、e

**問2**　正しい組み合わせを選びなさい。

a　頸椎は7個からなる。
b　イヌで肋骨は13対ある。
c　前肢には脛骨と腓骨がある。
d　大転子は上腕骨にある。
e　寛結節は寛骨の後方にある。

1 a、b　2 a、c　3 b、c　4 b、d　5 d、e

**問3**　正しい組み合わせを選びなさい。

a　心音聴診は右の胸壁から行う。
b　肝臓は腹腔の右前部に位置する。
c　伏在静脈は後肢の外側位にある。
d　骨盤腔内で膀胱は直腸の背側に位置する。
e　イヌでは左腎は右腎より後方に位置する。

1 a、b　2 a、c　3 b、c　4 b、d　5 d、e

**問4**　正しい組み合わせを選びなさい。

a　口輪筋は咀嚼筋のひとつである。
b　アキレス腱は下腿三頭筋の腱を含む。
c　大腿四頭筋は大腿骨の前面に位置している。
d　大腿二頭筋は伸筋として作用する。
e　胸骨頭筋は前肢帯筋のひとつである。

1 a、b　2 a、c　3 b、c　4 b、d　5 d、e

【解答】

問1　1　　問2　1　　問3　3　　問4　3

# Unit5 骨の構造

## 骨と関節

一般的に、肢骨などの長骨と、椎骨などの短骨は、骨幹部の骨質表層を占める硬く緻密な緻密質と、骨髄腔内の海綿質から構成されています。さらに、緻密質表面は線維性結合組織に富む骨膜でおおわれています。骨幹部では骨膜に含まれる骨芽細胞により骨質がつくられる膜内骨化を示しますが、骨端部では関節軟骨と骨幹部の境界にある骨端板の軟骨から骨がつくられる軟骨内骨化により骨形成が行われています。

**問題1** 図中 1 ～ 4 が示す用語を下の空欄に記入しましょう。（答は右ページ下）

**問題2** 骨端板に色を塗りましょう。（答は巻末）

1 [　　　　　　　　　　　　]

2 [　　　　　　　　　　　　]

3 [　　　　　　　　　　　　]

4 [　　　　　　　　　　　　]

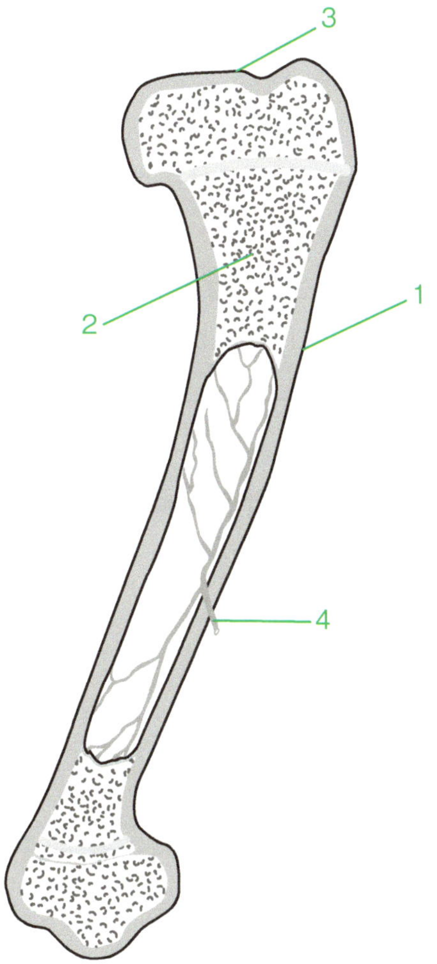


長骨の縦断像

【解答】

1 緻密質　2 海綿質　3 関節軟骨　4 栄養血管

# Unit6 骨の組織学的構造

## 骨と関節

緻密質は骨膜側から骨内膜側に向かって、外環状層板、オステオン（骨単位）と介在層板、内環状層板の順に構成されています。オステオンは骨の長軸方向に沿って配列した円筒状の構造で、中心部には中心管（ハヴァース管）があり、それを同心円状に層板骨が取り囲んでいます。オステオン間は介在層板で占められています。中心管同士は貫通管で連絡しており、中心管や貫通管は栄養血管の通路となっています。シャーピー線維は、骨膜に起こり、緻密質外環状層板内部へ侵入している膠原線維束であり、骨膜、筋組織、腱および靱帯などを緻密質に強固に固定する働きを担っています。

**問題1** 図中1～9が示す用語名を下の空欄に記入しましょう。（答は右ページ下）

**問題2** 右ページ下の図において、オステオンを赤線で囲みましょう。（答は巻末）

1 [　　　　　　　　]
2 [　　　　　　　　]
3 [　　　　　　　　]
4 [　　　　　　　　]
5 [　　　　　　　　]
6 [　　　　　　　　]
7 [　　　　　　　　]
8 [　　　　　　　　]
9 [　　　　　　　　]

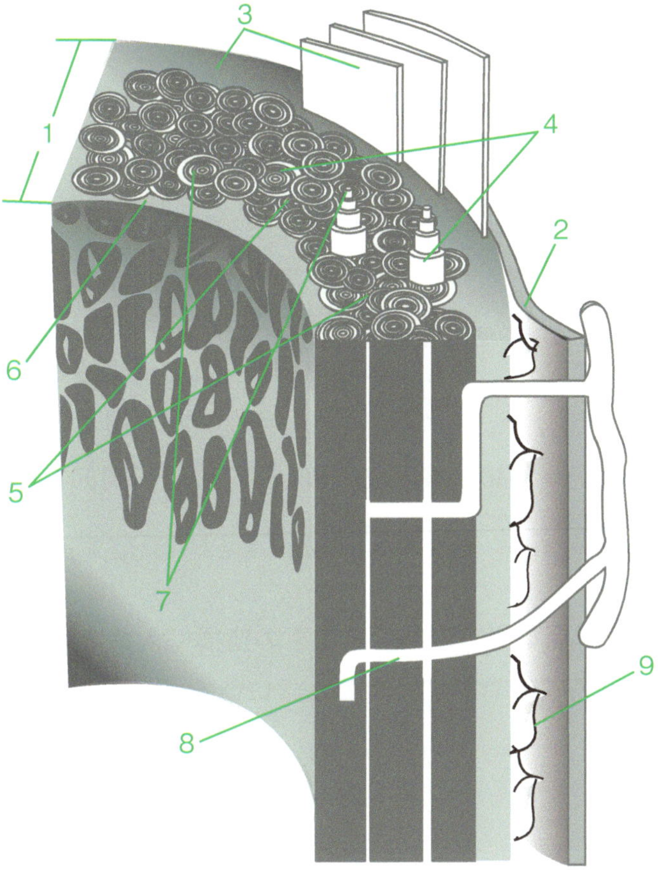

長骨緻密質の組織構造

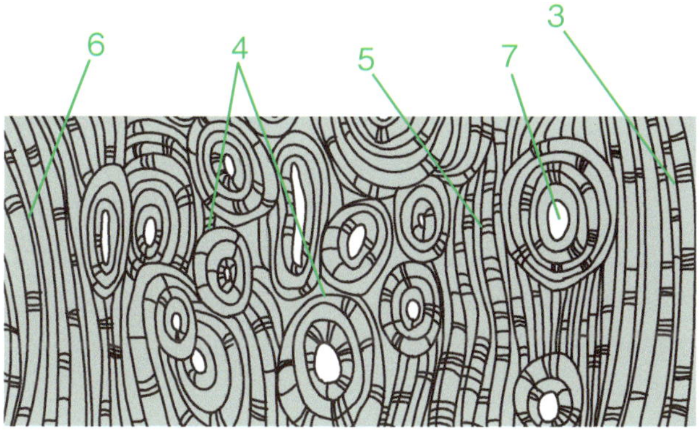

骨緻密質の横断組織像

【解答】
1 緻密質（ちみつしつ）　2 骨膜（こつまく）　3 外環状層板（がいかんじょうそうばん）　4 オステオン　5 介在層板（かいざいそうばん）　6 内環状層板（ないかんじょうそうばん）
7 中心管（ちゅうしんかん）　8 貫通管（かんつうかん）　9 シャーピー線維（せんい）

# Unit7 関節の構造

## 骨と関節

関節は骨と骨とが連結する部位であり、運動の支点となっています。一般的な関節（滑膜性関節）には骨と骨との間に関節腔とよばれる関節包に包まれた腔所が存在し、関節包は線維性関節包と滑膜から構成されています。関節腔は滑膜から分泌される関節液によって満たされており、関節腔内に突出している骨端部は硝子軟骨からなる関節軟骨におおわれていますが、骨と骨の間が結合組織で満たされている関節は、結合組織の種類により線維性関節（例：縫合）、軟骨性関節（例：骨盤結合）などに分けられます。また、骨同士が連結する部位には、靱帯などの関節を補強する構造を伴う場合があります。

**問題1** 図中1～6が示す関節の部位名を下の空欄に入れましょう。(答は右ページ下)

**問題2** 右ページ上の図において、関節軟骨に色を塗りましょう。(答は巻末)

1 [ ]

2 [ ]

3 [ ]

4 [ ]

5 [ ]

6 [ ]

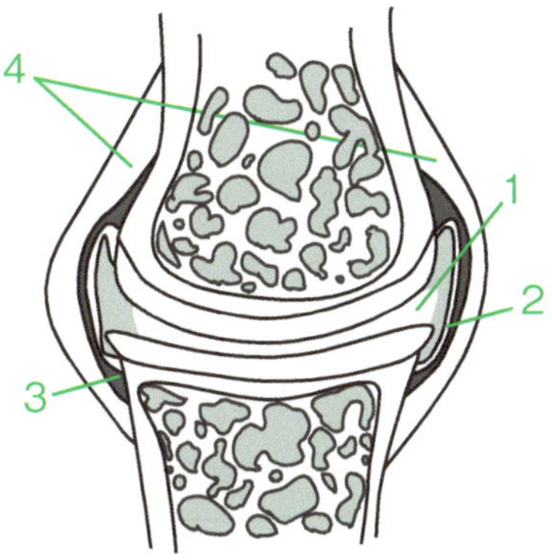

関節の基本構造

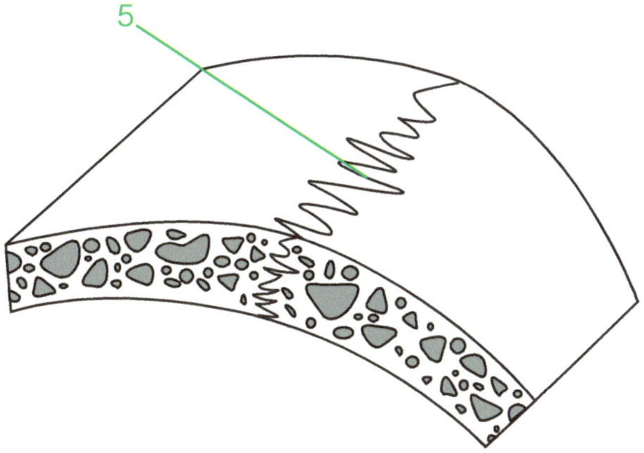

頭蓋骨の断面

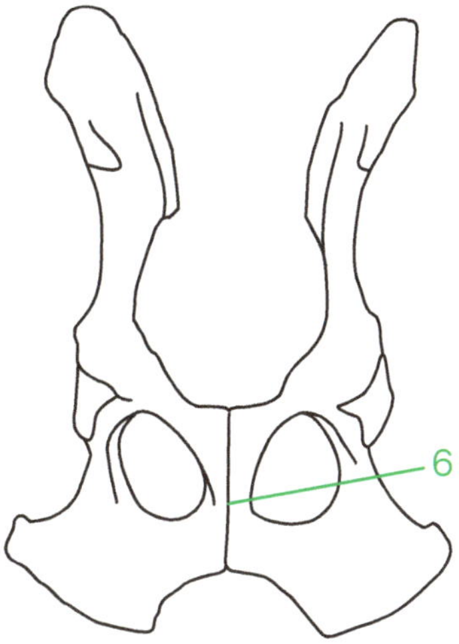

骨盤の腹側面

【解答】
1 関節腔（かんせつくう）　2 滑膜（かつまく）　3 線維性関節包（せんいせいかんせつほう）　4 側副靭帯（そくふくじんたい）　5 縫合（ほうごう）　6 骨盤結合（こつばんけつごう）

# Unit8 おもな関節

## 骨と関節

前肢の各部の関節には肩関節、肘関節、手根関節、中手指節関節、近位指節間関節、遠位指節間関節などがあげられ 、後肢の各部の関節には仙腸関節、股関節、大腿膝蓋関節（膝関節)、大腿脛関節（膝関節)、足根関節、中足趾節関節、近位趾節間関節、遠位趾節間関節などがあげられます。

**問題 1** 図中 1 ～ 14 が示す関節名を下の空欄に入れましょう。（答は右ページ下）

1 [　　　　　　　　　　] (肩甲骨と上腕骨の間)

2 [　　　　　　　　　　] (上腕骨と前腕骨格の間)

3 [　　　　　　　　　　] (前腕骨格、手根骨、中手骨の間)

4 [　　　　　　　　　　] (中手骨と基節骨の間)

5 [　　　　　　　　　　] (基節骨と中節骨の間)

6 [　　　　　　　　　　] (中節骨と末節骨の間)

7 [　　　　　　　　　　] (仙骨と腸骨の間)

8 [　　　　　　　　　　] (寛骨と大腿骨の間)

9 [　　　　　　　　　　] (大腿骨と膝蓋骨の間)

10 [　　　　　　　　　　] (大腿骨と脛骨の間)

11 [　　　　　　　　　　] (下腿骨格、足根骨、中足骨の間)

12 [　　　　　　　　　　] (中足骨と基節骨の間)

13 [　　　　　　　　　　] (基節骨と中節骨の間)

14 [　　　　　　　　　　] (中節骨と末節骨の間)

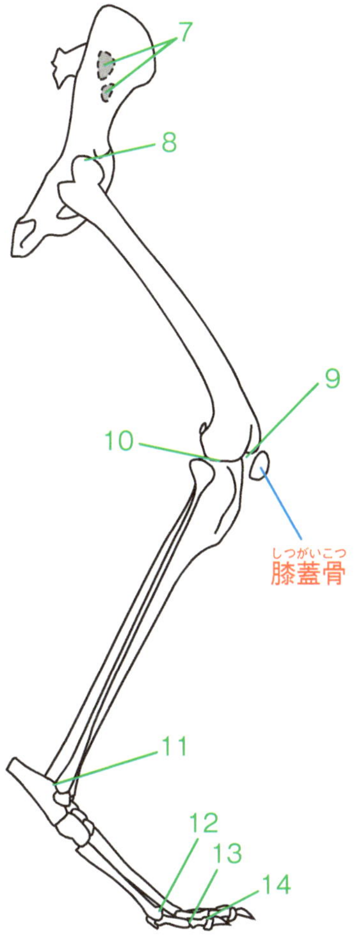

→ 頭側

膝蓋骨
しつがいこつ

右後肢骨格の外側面

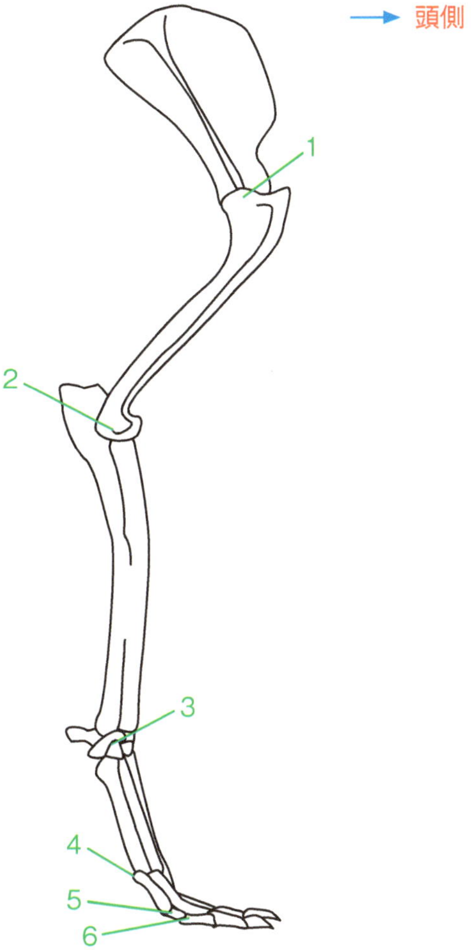

こうしこつかく　がいそくめん

右前肢骨格の外側面
ぜんしこつかく　がいそくめん

**【解答】**
**1** 肩関節（かたかんせつ）　**2** 肘関節（ひじかんせつ）　**3** 手根関節（しゅこんかんせつ）　**4** 中手指節関節（ちゅうしゅしせつかんせつ）　**5** 近位指節間関節（きんいしせつかんかんせつ）
**6** 遠位指節間関節（えんいしせつかんかんせつ）　**7** 仙腸関節（せんちょうかんせつ）　**8** 股関節（こかんせつ）　**9** 大腿膝蓋関節（膝関節）（だいたいしつがいかんせつ）
**10** 大腿脛関節（膝関節）（だいたいけいかんせつ）　**11** 足根関節（そっこんかんせつ）　**12** 中足趾節関節（ちゅうそくしせつかんせつ）　**13** 近位趾節間関節（きんいしせつかんかんせつ）
**14** 遠位趾節間関節（えんいしせつかんかんせつ）

# Unit9 骨盤の構造

## 骨と関節

骨盤は左右の寛骨、仙骨、前位尾椎によって形成される骨の円盤です。寛骨は腸骨、恥骨、坐骨からなり、これらの骨が接合している部分には、大腿骨頭と関節する寛骨臼を形成します。左右の寛骨は骨盤結合によって連結しており、イヌやネコでは仙結節は前背側腸骨棘と後背側腸骨棘によって、寛結節は前腹側腸骨棘によって形成されます。

**問題1** 図中Ⓐ～Ⓓが示す骨盤を構成する骨の名称を下の空欄に入れましょう。(答は右ページ下)

**問題2** 図中1～9が示す骨格の構造の名称を下の空欄に入れましょう。(答は右ページ下)

**問題3** 図中（ⅰ）、（ⅱ）が示す関節もしくは結合の名称を下の空欄に入れましょう。(答は右ページ下)

**問題4** 右ページ下の図において、寛骨臼に色を塗りましょう。(答は巻末)

Ⓐ [　　　　　　] Ⓑ [　　　　　　]

Ⓒ [　　　　　　] Ⓓ [　　　　　　]

1 [　　　　　　] 2 [　　　　　　]

3 [　　　　　　] 4 [　　　　　　]

5 [　　　　　　] 6 [　　　　　　]

7 [　　　　　　] 8 [　　　　　　]

9 [　　　　　　]

（ⅰ）[　　　　　　]（仙骨と腸骨の間）　（ⅱ）[　　　　　　]（左右の寛骨の間）

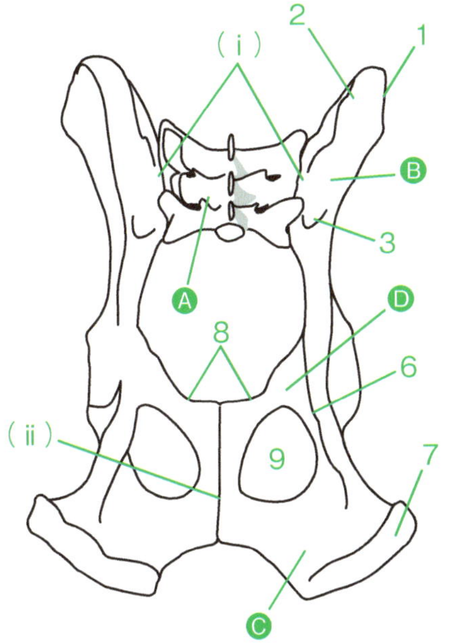


骨盤の後面

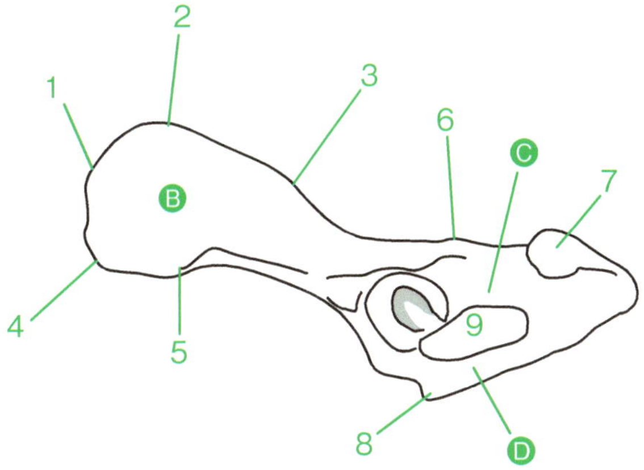


左寛骨の外側面

**【解答】**

Ⓐ 仙骨　Ⓑ 腸骨　Ⓒ 坐骨　Ⓓ 恥骨　1 腸骨稜　2 前背側腸骨棘
3 後背側腸骨棘　4 前腹側腸骨棘　5 翼棘　6 坐骨棘　7 坐骨結節　8 恥骨櫛
9 閉鎖孔　（ｉ）仙腸関節　（ⅱ）骨盤結合

# Unit10 大腿と下腿の骨格

## 骨と関節

後肢は大腿骨と脛骨、腓骨からなる下腿骨格などから構成されています。大腿骨近位には寛骨と関節する大腿骨頭があり、遠位には膝蓋骨と関節する大腿骨滑車、脛骨と関節する外側顆、内側顆を持っています。さらに、イヌやネコでは大腿骨遠位尾側面には腓腹筋種子骨があります。脛骨は腓骨よりも内側に位置し、近位には大腿骨と関節する外側顆と内側顆を、遠位には距骨と関節する脛骨ラセンを持ちます。

**問題1** 図中Ⓐ〜Ⓔが示す骨の名称を下の空欄に入れましょう。（答は右ページ下）

**問題2** 図中1〜15が示す骨格の構造名を下の空欄に入れましょう。（答は右ページ下）

**問題3** 右ページ左の大腿骨の図において、大腿骨頭の部分に色を塗りましょう。（答は巻末）

Ⓐ［　　　　　　］　Ⓑ［　　　　　　］
Ⓒ［　　　　　　］　Ⓓ［　　　　　　］
Ⓔ［　　　　　　］
1［　　　　　　］　2［　　　　　　］
3［　　　　　　］　4［　　　　　　］
5［　　　　　　］　6［　　　　　　］
7［　　　　　　］　8［　　　　　　］
9［　　　　　　］　10［　　　　　　］
11［　　　　　　］　12［　　　　　　］
13［　　　　　　］　14［　　　　　　］
15［　　　　　　］

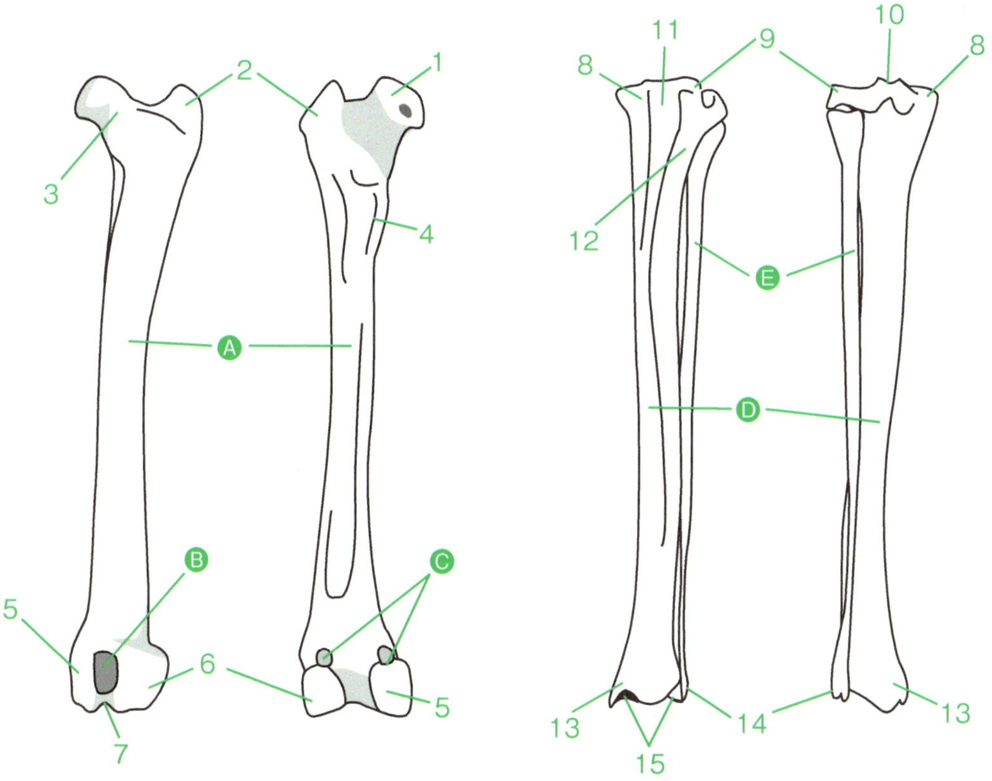


左大腿骨の前面　左大腿骨の後面　左下腿骨格の前面　左下腿骨格の後面

【解答】

Ⓐ 大腿骨　Ⓑ 膝蓋骨　Ⓒ 腓腹筋種子骨　Ⓓ 脛骨　Ⓔ 腓骨　1 大腿骨頭
2 大転子　3 大腿骨頸　4 小転子　5 内側顆　6 外側顆　7 大腿骨滑車
8 内側顆　9 外側顆　10 顆間隆起　11 脛骨粗面　12 伸筋溝　13 内果
14 外果　15 脛骨ラセン

Unit11

# 足根部の構造

## 骨と関節

足根骨は小さな骨が集まり、下腿骨格や中足骨とともに足根関節を形成しています。足根骨は近位列、中間列、遠位列の３列に分けられ、イヌやネコでは、近位列には距骨と踵骨があり、踵骨は尾側に突出して踵を形成しています。さらに中間列には中心足根骨が含まれ、遠位列には内側から、第一足根骨、第二足根骨、第三足根骨、第四足根骨が並んでいます。

**問題 1** 図中 1 ～ 12 が示す骨の名称を下の空欄に入れましょう。（答は右ページ下）

**問題 2** それぞれの図において、踵骨に色を塗りましょう。（答は巻末）

1 [ ]

2 [ ]

3 [ ]

4 [ ]

5 [ ]

6 [ ]

7 [ ]

8 [ ]

9 [ ]

10 [ ]

11 [ ]

12 [ ]

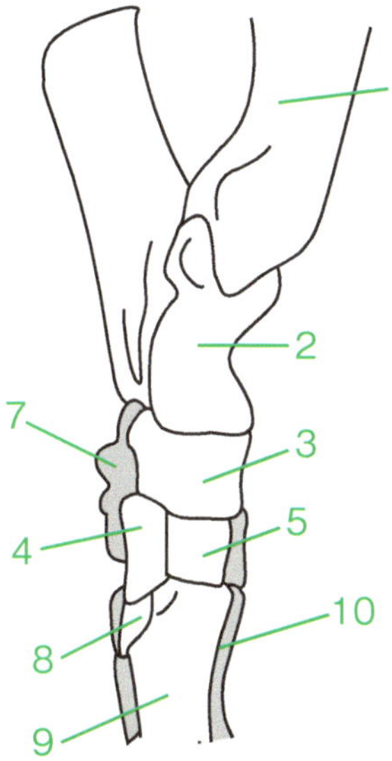


左足根部の内側面

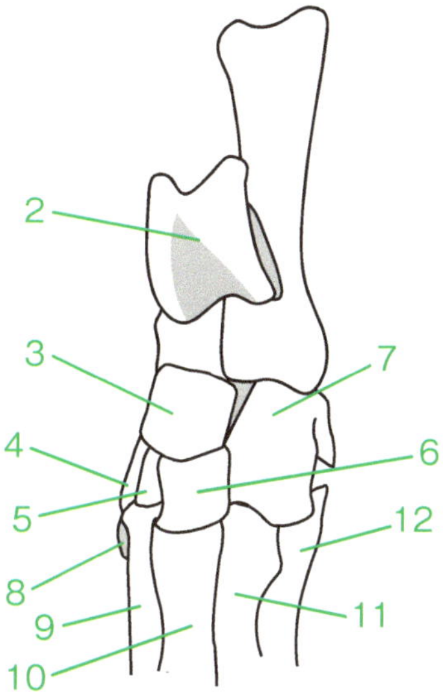


左足根部の前側面

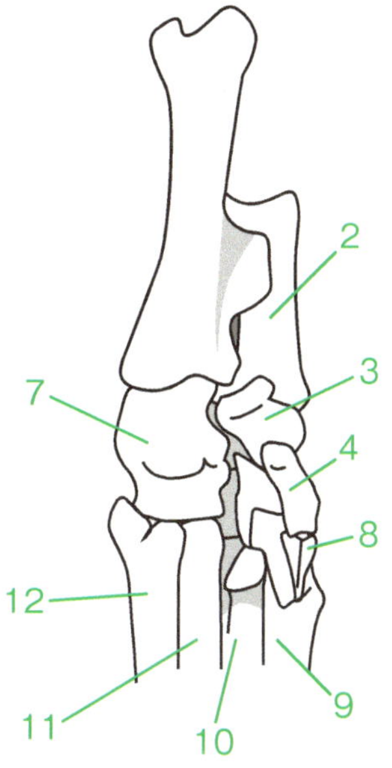


左足根部の尾側面

【解答】

1 脛骨　2 距骨　3 中心足根骨　4 第一足根骨　5 第二足根骨　6 第三足根骨
7 第四足根骨　8 第一中足骨　9 第二中足骨　10 第三中足骨　11 第四中足骨
12 第五中足骨

# Unit12 後肢の関節

## 骨と関節

後肢には、後肢を体幹に連結させている仙腸関節をはじめ、股関節、膝関節、足根関節、中足趾節関節、近位趾節間関節、遠位趾節間関節などがあります。このなかでも股関節と膝関節は関節包内に靭帯（大腿骨頭靭帯、十字靭帯）が認められる特殊な関節です。さらに、膝関節には半月板（内側半月、外側半月）が存在し、骨の関節面にかかる負荷を軽減しています。大腿骨と膝蓋骨（大腿膝蓋関節）、大腿骨と脛骨（大腿脛関節）などの骨が連結する膝関節は３つ以上の骨からなる複関節です。

**問題1** 図中Ⓐ～Ⓗが示す骨の名称を下の空欄に入れましょう。（答は右ページ下）

**問題2** 図中ⓐ～ⓒが示す骨格の構造名を下の空欄に入れましょう。（答は右ページ下）

**問題3** 図中１～９が示す腱、靭帯、その他の関節の構造名を下の空欄に入れましょう。（答は右ページ下）

**問題4** 右ページ左上の図において大腿骨頭靭帯の部分に色を塗りましょう。（答は巻末）

| | | |
|---|---|---|
| Ⓐ［　　］ | Ⓑ［　　］ | Ⓒ［　　］ |
| Ⓓ［　　］ | Ⓔ［　　］ | Ⓕ［　　］ |
| Ⓖ［　　］ | Ⓗ［　　］ | |
| ⓐ［　　］ | ⓑ［　　］ | ⓒ［　　］ |
| 1［　　］ | 2［　　］ | 3［　　］ |
| 4［　　］ | 5［　　］ | 6［　　］ |
| 7［　　］ | 8［　　］ | 9［　　］ |

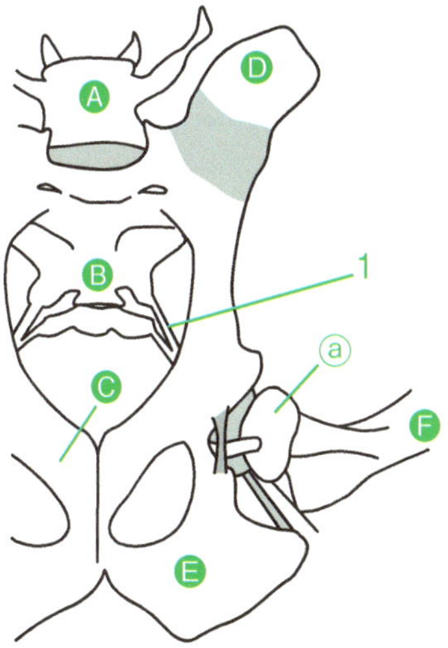


骨盤、左股関節の腹側面

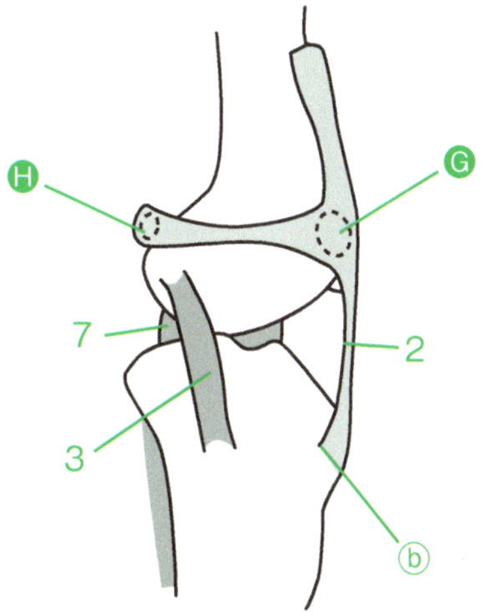


左膝関節の内側面

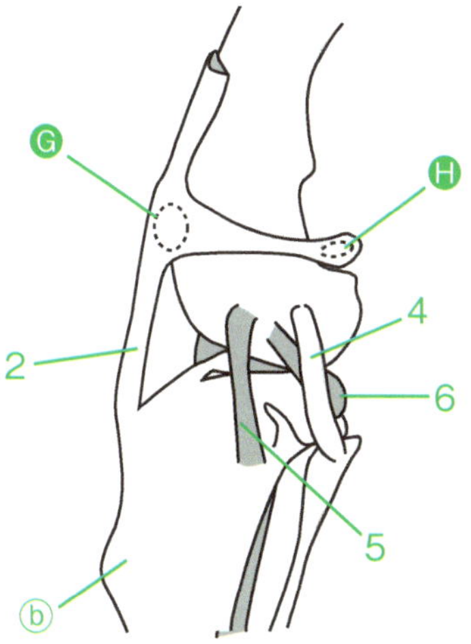


左膝関節の外側面

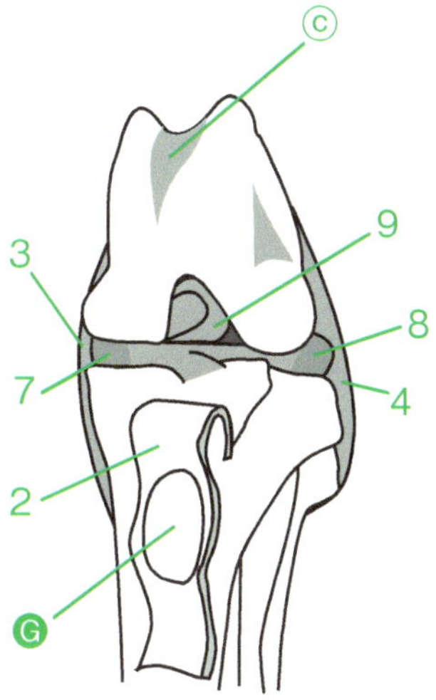


左膝関節の前面（膝蓋靭帯を腹側に反転）

【解答】

Ⓐ 第七腰椎　Ⓑ 仙骨　Ⓒ 恥骨　Ⓓ 腸骨　Ⓔ 坐骨　Ⓕ 大腿骨　Ⓖ 膝蓋骨
Ⓗ 腓腹筋種子骨　ⓐ 大腿骨頭　ⓑ 脛骨粗面　ⓒ 大腿骨滑車　1 仙結節靭帯
2 膝蓋靭帯　3 内側側副靭帯　4 外側側副靭帯　5 長趾伸筋腱　6 膝窩筋腱
7 内側半月　8 外側半月　9 前十字靭帯

# 骨と関節

## 力だめし問題（答は右ページ下）

**問 5**　正しい組み合わせを選びなさい。

a　骨端部は骨芽細胞から直接つくられる。
b　骨膜は軟骨細胞を含む。
c　長骨の長軸方向の成長は軟骨内骨化で進む。
d　長骨の骨端部はすべて緻密質で構成されている。
e　骨端板は軟骨を含む。

1 a、b　2 a、c　3 b、c　4 c、d　5 d、e

**問 6**　正しい組み合わせを選びなさい。

a　貫通管は中心管同士を連絡している管である。
b　オステオンは海綿質に顕著に認められる。
c　シャーピー線維は緻密質内にまで侵入している。
d　オステオン管内には血管は走行していない。
e　介在層板はオステオンを層状につくる。

1 a、b　2 a、c　3 b、c　4 c、d　5 d、e

**問 7**　正しい組み合わせを選びなさい。

a　滑膜性関節には関節腔が存在する。
b　関節液は滑膜から分泌される。
c　関節軟骨は線維軟骨からなる。
d　線維性関節には関節腔が存在する。
e　各頭蓋骨間の連結を骨盤結合とよぶ。

1 a、b　2 a、c　3 b、c　4 c、d　5 d、e

**問 8**　正しい組み合わせを選びなさい。

a　肩関節は肩甲骨と上腕骨の間に位置する。
b　手根関節は前腕骨格の遠位に位置する。
c　中手骨と基節骨の間の関節を近位指節間関節とよぶ。
d　大腿脛関節は股関節の構成要素の 1 つである。
e　足根関節は下腿骨格の近位に位置する。

1 a、b　2 a、c　3 b、c　4 c、d　5 d、e

**問 9**　正しい組み合わせを選びなさい。

a　骨盤は左右の寛骨、仙骨、前位尾椎からなる。
b　寛骨臼は外側を向いている。
c　仙骨と腸骨の連結を骨盤結合とよぶ。
d　坐骨結節は寛骨の頭側端に位置する。
e　左右の寛骨は腸骨で結合する。

1 a、b　2 a、c　3 b、c　4 c、d　5 d、e

**問 10**　正しい組み合わせを選びなさい。

a　大転子は大腿骨の外側に位置する。
b　小転子は大腿骨の外側に位置する。
c　膝蓋骨は大腿骨滑車に接している。
d　脛骨は腓骨よりも外側に位置する。
e　脛骨粗面は脛骨の尾側に位置する。

1 a、b　2 a、c　3 b、c　4 c、d　5 d、e

**問 11**　正しい組み合わせを選びなさい。

a　距骨は踵を形成する。
b　第五中足骨は脛骨と関節する。
c　第一足根骨は足根部の外側に位置する。
d　中心足根骨は足根骨の中間列に位置する。
e　第三足根骨は距骨よりも遠位に位置する。

1 a、b　2 a、c　3 b、c　4 c、d　5 d、e

**問 12**　正しい組み合わせを選びなさい。

a　大腿骨頭靭帯は股関節を補強している。
b　長趾伸筋腱は膝関節の内側に位置する。
c　前十字靭帯は膝関節を補強する。
d　膝蓋靭帯は膝関節の後面に位置する。
e　外側半月は股関節に存在する。

1 a、b　2 a、c　3 b、c　4 c、d　5 d、e

【解答】

問 5　4　　問 6　2　　問 7　1　　問 8　1　　問 9　1　　問 10　2　　問 11　5　　問 12　2

# Unit13 体表の筋膜と皮筋

## 筋の構造と位置

体表の皮下には皮筋（顔面皮筋、頸皮筋（広頸筋）、肩上腕皮筋、体幹皮筋）があり、筋膜とよばれる結合組織性の膜が体表をおおっています。

**問題 1** 図中1～11が示す筋膜の名称を下の空欄に入れましょう。（答は右ページ下）

**問題 2** 体幹皮筋の部分に色を塗りましょう。（答は巻末）

1 [ ]（皮筋）

2 [ ]（皮筋）

3 [ ]（皮筋）

4 [ ]（筋膜）

5 [ ]（筋膜）

6 [ ]（筋膜）

7 [ ]（筋膜）

8 [ ]（筋膜）

9 [ ]（筋膜）

10 [ ]（筋膜）

11 [ ]（筋膜）

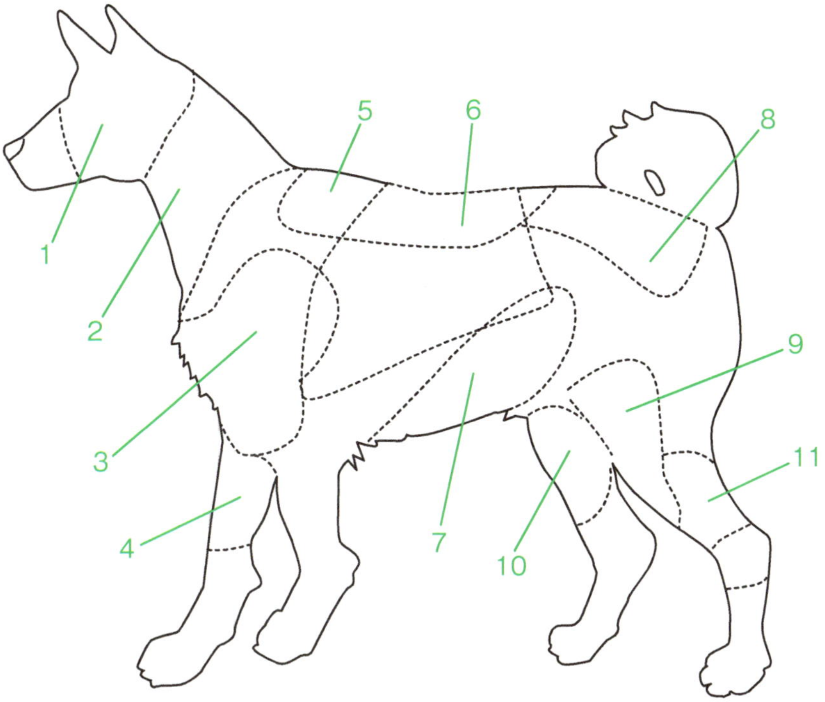


外側面の最表層

【解答】

1 頭（顔面皮）筋膜　2 頸（皮）筋膜　3 肩上腕（皮）筋膜　4 前腕筋膜
5 棘横突筋膜　6 胸腰筋膜　7 腹筋膜　8 殿筋膜　9 外側大腿筋膜
10 内側大腿筋膜　11 下腿筋膜

Unit14

# 体幹浅層の筋

## 筋の構造と位置

体幹浅層の筋はおもに前肢と後肢を体幹に結びつけています(前肢帯筋、後肢帯筋)。

前肢帯筋は頭側より上腕頭筋（鎖骨頭筋、鎖骨上腕筋）があります。ついで頭部には、胸骨頭筋が停止し、イヌでは胸骨舌骨筋と上腕頭筋の間に溝（頸溝）が形成され外頸静脈がこの溝に沿って走行しています。

肩甲横突筋は前述の上腕頭筋の下を走行し、環椎翼あるいは軸椎横突起に起こり肩甲棘に停止しています。さらに肩部から腰部の背側には僧帽筋と広い広背筋が位置しています。胸筋は体幹の腹側の胸郭と上腕に挟まれて位置しています。

**問題1** 図中1～10が示す前肢帯筋と頸溝を形成する筋の名称を下の空欄に記入しましょう。（答は右ページ下）

**問題2** 前肢帯筋の部分に色を塗りましょう。（答は巻末）

1 [ ]

2 [ ]

3 [ ]

4 [ ]

5 [ ]

6 [ ]

7 [ ]

8 [ ]

9 [ ]

10 [ ]

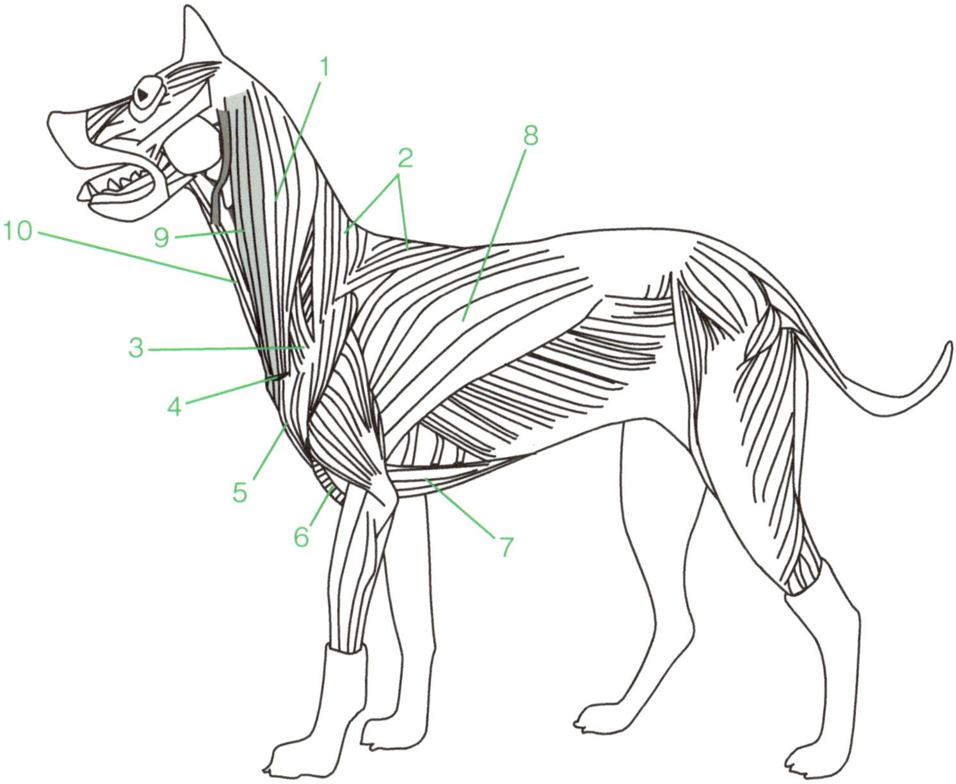

外側面の浅層
がいそくめん　せんそう

【解答】
1 鎖骨頭筋（さこつとうきん）　2 僧帽筋（そうぼうきん）　3 肩甲横突筋（けんこうおうとつきん）　4 鎖骨画（さこつかく）　5 鎖骨上腕筋（さこつじょうわんきん）　6 浅胸筋（せんきょうきん）
7 深胸筋（しんきょうきん）　8 広背筋（こうはいきん）　9 胸骨頭筋（きょうこつとうきん）　10 胸骨舌骨筋（きょうこつぜっこつきん）

# Unit15 体幹深層の筋

## 筋の構造と位置

体幹深層には固有前肢筋、固有後肢筋と体壁深層の筋が位置しています。

背側には軸上筋（胸および頸棘および半棘筋、最長筋（頸、胸、腹最長筋）、腸肋筋）と腹鋸筋や菱形筋があります。肋間には肋間筋と最外層の腹筋（外腹斜筋）と多腹筋である腹直筋がその腹側に位置しています。

固有前肢筋としては背側より棘上筋、棘下筋、大円筋、上腕筋があり、上腕三頭筋は肘頭に停止しています。一方、固有後肢筋には大腿四頭筋が大腿骨前面に位置し、後面には大腿二頭筋、半腱様筋および半膜様筋が位置しています。

**問題1** 図中1～14が示すおもな体幹深層の筋、前肢帯筋の名称を下の空欄に記入しましょう。（答は右ページ下）

**問題2** 前肢帯筋の部分に色を塗りましょう。（答は巻末）

| | | | |
|---|---|---|---|
| 1 [　　　] | （肩甲骨と体幹の間） | 2 [　　　] | （肩甲骨上） |
| 3 [　　　] | （肩甲骨上） | 4 [　　　] | |
| 5 [　　　] | | 6 [　　　] | |
| 7 [　　　] | （肩甲骨と体幹の間） | 8 [　　　] | |
| 9 [　　　] | | 10 [　　　] | |
| 11 [　　　] | | 12 [　　　] | |
| 13 [　　　] | | 14 [　　　] | |

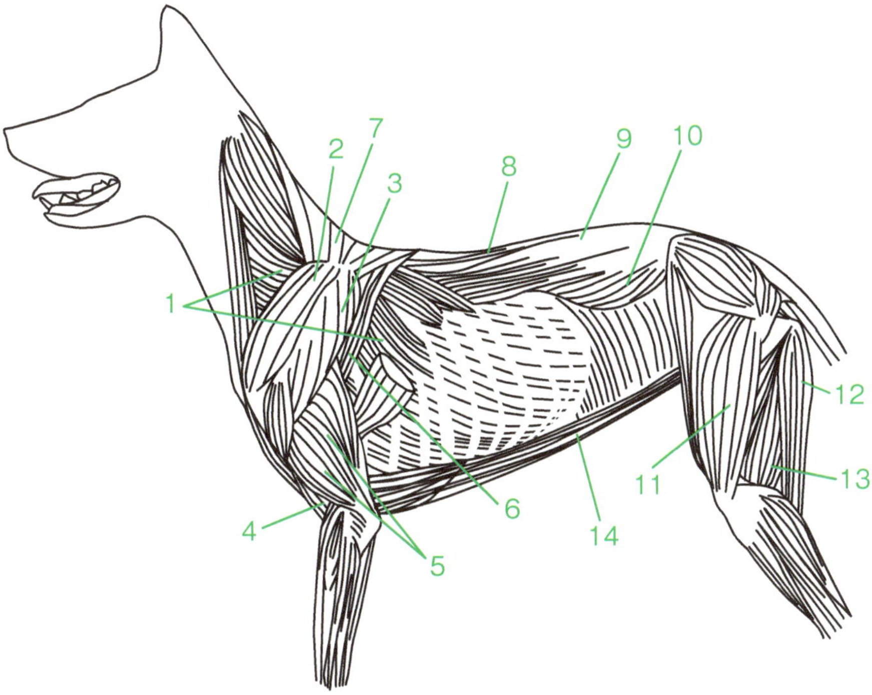


外側面の深層

【解答】

1 腹鋸筋　2 棘上筋　3 棘下筋　4 上腕筋　5 上腕三頭筋　6 大円筋

7 菱形筋　8 胸および頸棘および半棘筋　9 最長筋　10 腸肋筋

11 大腿四頭筋　12 半腱様筋　13 半膜様筋　14 腹直筋

Unit16

# 肩・腕・前腕の筋

## 筋の構造と位置

肩、腕および前腕のおもな筋には、肩甲骨の外側面に棘上筋、棘下筋と筋膜状の三角筋、小円筋があり、小円筋は三角筋の深部に位置し肩甲骨後縁の遠位3分の1から起こっています。

肩甲骨の後方には上腕三頭筋（長頭、外側頭、内側頭）があり、肩甲骨後縁、上腕骨、尺骨肘頭の間の三角部を埋めるように位置し、尺骨の肘頭に停止しています。

肩甲骨の内側面には広く扁平な肩甲下筋、大円筋があり、広背筋とともに大円筋粗面に停止しています。

肘関節に作用する筋として上腕筋、上腕二頭筋、上腕三頭筋があり、肘関節の伸筋と屈筋の役割を果たしています。

**問題1** 図中1～7が示す肩、腕および前腕のおもな筋の名称を下の空欄に記入しましょう。（答は右ページ下）

**問題2** 図中Ⓐ～Ⓒが示す上腕三頭筋を構成する部位名を下の空欄に記入しましょう。（答は右ページ下）

**問題3** それぞれの図において、肘関節に作用する筋に色を塗りましょう。（答は巻末）

| | |
|---|---|
| 1 [　　　] | 2 [　　　] |
| 3 [　　　] | 4 [　　　] |
| 5 [　　　] | 6 [　　　] |
| 7 [　　　] | |
| Ⓐ [　　　] | Ⓑ [　　　] |
| Ⓒ [　　　] | |

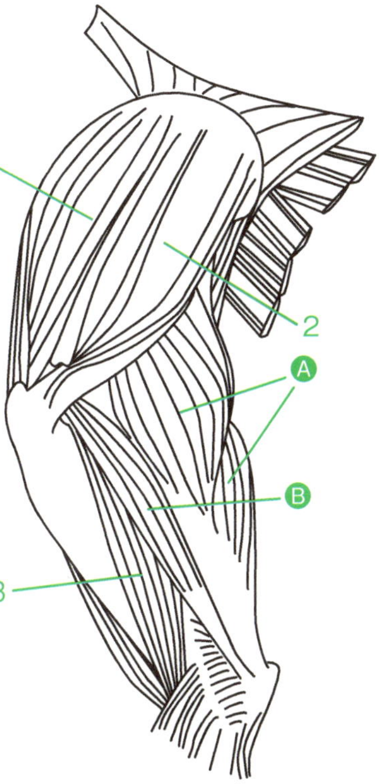


前肢（ぜんし）の外側面（がいそくめん）

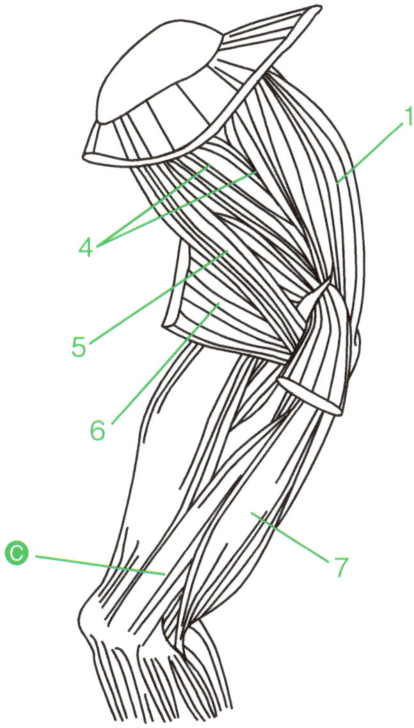


前肢（ぜんし）の内側面（ないそくめん）

【解答】

1 棘上筋（きょくじょうきん）　2 棘下筋（きょくかきん）　3 上腕筋（じょうわんきん）　4 肩甲下筋（けんこうかきん）　5 大円筋（だいえんきん）　6 広背筋（こうはいきん）

7 上腕二頭筋（じょうわんにとうきん）　A 上腕三頭筋長頭（じょうわんさんとうきんちょうとう）　B 上腕三頭筋外側頭（じょうわんさんとうきんがいそくとう）

C 上腕三頭筋内側頭（じょうわんさんとうきんないそくとう）

# Unit17 前腕と指の筋

## 筋の構造と位置

前腕の筋は長く伸張した筋腹を持ち、肘関節と手根関節の２つの関節にまたがるように走行しています。これらの筋は肘関節の近くで上腕骨から起こり、手根関節より離れた手部または中手骨に停止しています。手根関節の伸筋には橈側手根伸筋と尺側手根伸筋が、屈筋には橈側手根屈筋と尺側手根屈筋があげられます。

指の筋は上腕骨または前腕骨格の肘関節近くに起始し、手根をおおう長い腱を介して指のさまざまな部位に停止しています。指の伸筋には総指伸筋、外側指伸筋があげられ、指の屈筋としては浅指屈筋、深指屈筋などがあげられます。

**問題 1** 図中 1 ～ 10 が示す前腕および手の筋に関する部位名を下の空欄に記入しましょう。（答は右ページ下）

**問題 2** それぞれの図において、指関節に作用する筋に色を塗りましょう。（答は巻末）

1 [　　　　　　　　] （手根部にとまる）

2 [　　　　　　　　] （指節にとまる）

3 [　　　　　　　　] （指節にとまる）

4 [　　　　　　　　] （手根部にとまる）

5 [　　　　　　　　] （指節にとまる）

6 [　　　　　　　　] （手根部にとまる）

7 [　　　　　　　　] （手根部にとまる）

8 [　　　　　　　　] （指節にとまる）

9 [　　　　　　　　] （指節にとまる）

10 [　　　　　　　　] （手根部にとまる）

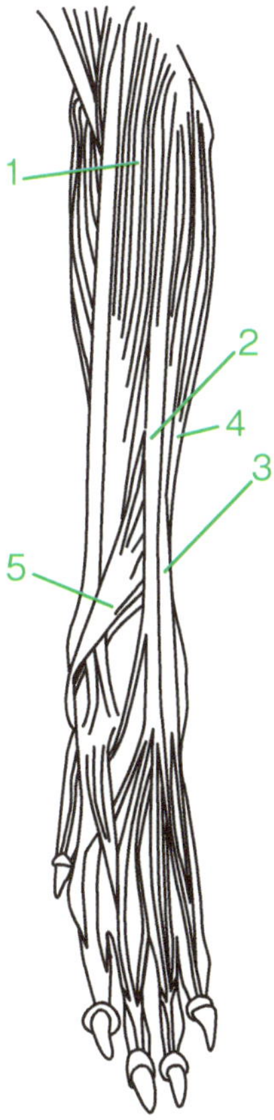


前肢の端前面

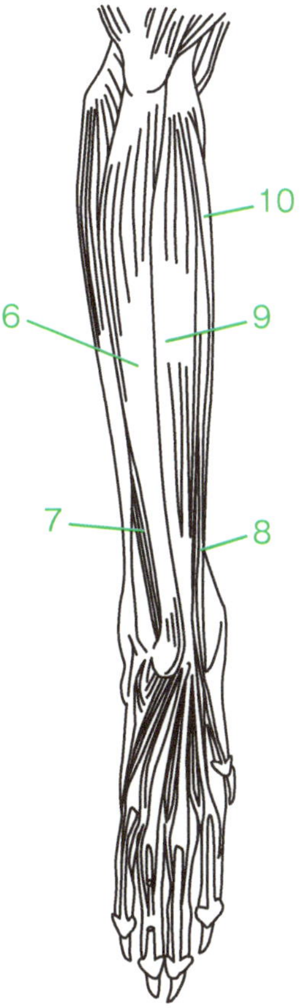


前肢の端後面

【解答】

1 橈側手根伸筋　2 総指伸筋　3 外側指伸筋　4 尺側手根伸筋
5 長第一指外転筋　6 尺側手根屈筋 尺骨頭　7 尺側手根屈筋 上腕頭
8 深指屈筋　9 浅指屈筋　10 橈側手根屈筋

# Unit18 後肢の外側の筋

## 筋の構造と位置

後肢外側の筋には、殿筋群（浅殿筋、中殿筋、深殿筋）および頭側に大腿筋膜張筋、縫工筋、大腿四頭筋（大腿直筋）が位置し、後面には大腿二頭筋、半腱様筋、半膜様筋が位置しています。

膝関節から趾端に向かい後肢前面には前脛骨筋、長趾伸筋があり、外側に長腓骨筋、また後面には下腿三頭筋が位置しています。

**問題1** 図中1～9が示す後肢外側のおもな筋の名称を下の空欄に記入しましょう。（答は右ページ下）

**問題2** 図中Ⓐ、Ⓑが示す大腿四頭筋の名称を下の空欄に記入しましょう。（答は右ページ下）

**問題3** それぞれの図において、殿筋に色を塗りましょう。（答は巻末）

| | |
|---|---|
| 1 [ ] | 2 [ ] |
| 3 [ ] | 4 [ ] |
| 5 [ ] | 6 [ ] |
| 7 [ ] | 8 [ ] |
| 9 [ ] | |
| Ⓐ [ ] | Ⓑ [ ] |

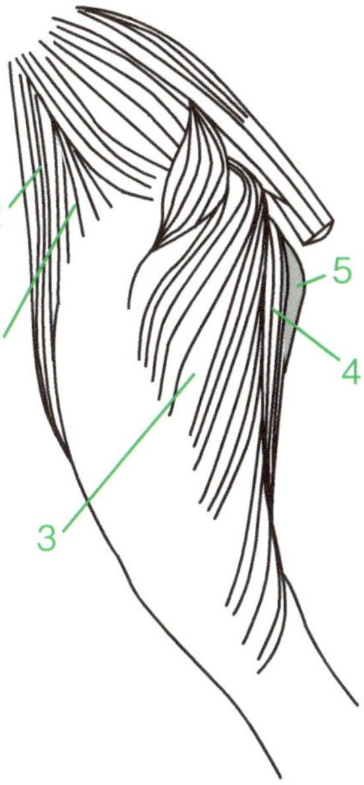


後肢(こうし)の外側浅層(がいそくせんそう)

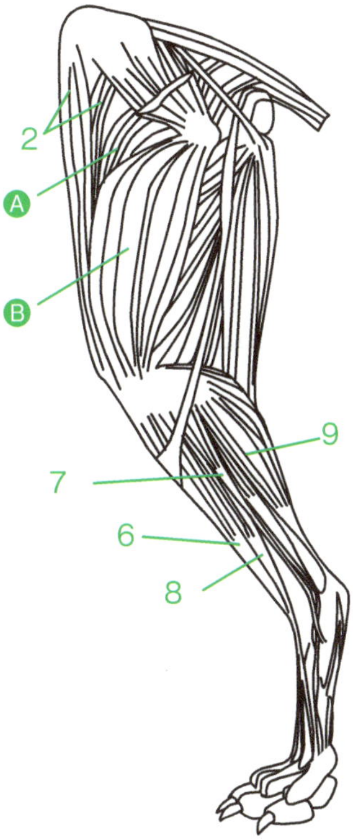


後肢(こうし)の外側深層(がいそくしんそう)

【解答】

1 大腿筋膜張筋(だいたいきんまくちょうきん)　2 縫工筋(ほうこうきん)　3 大腿二頭筋(だいたいにとうきん)　4 半腱様筋(はんけんようきん)　5 半膜様筋(はんまくようきん)

6 前脛骨筋(ぜんけいこつきん)　7 長腓骨筋(ちょうひこつきん)　8 長趾伸筋(ちょうししんきん)　9 下腿三頭筋(かたいさんとうきん)

Ⓐ 大腿四頭筋大腿直筋(だいたいしとうきんだいたいちょくきん)　Ⓑ 大腿四頭筋外側広筋(だいたいしとうきんがいそくこうきん)

# Unit19 後肢の内側の筋

## 筋の構造と位置

大腿内側の筋として縫工筋、薄筋、恥骨筋、内転筋があり、大腿前内側の表層に縫工筋が位置し、その後方に幅広い筋の薄筋がみられます。

縫工筋、薄筋の深部には大腿前面より大腿四頭筋内側広筋、恥骨筋、内転筋が位置しています。

**問題 1** 図中 1 ～ 3 が示す後肢の内側のおもな筋の名称を下の空欄に記入しましょう。（答は右ページ下）

**問題 2** 図中Ⓐ・Ⓑが示す縫工筋を構成する筋の名称と、Ⓒ・Ⓓが示す大腿四頭筋を構成する筋の名称を下の空欄に記入しましょう。（答は右ページ下）

**問題 3** 右ページ右の図において、大腿四頭筋に色を塗りましょう。（答は巻末）

1 [ ]
2 [ ]
3 [ ]
Ⓐ [ ]
Ⓑ [ ]
Ⓒ [ ]
Ⓓ [ ]

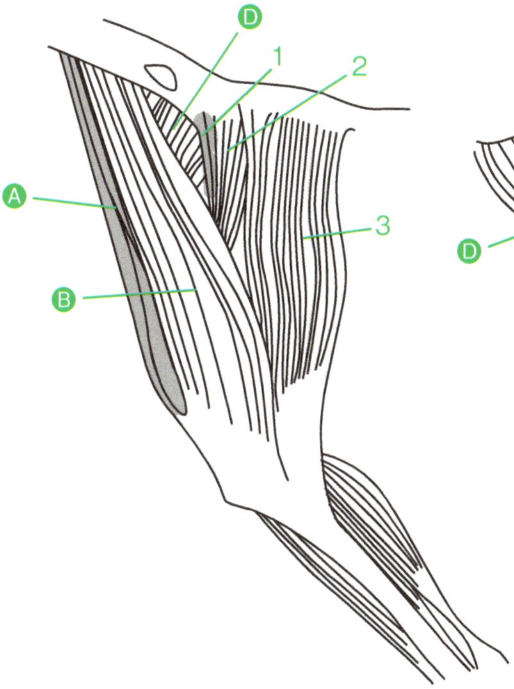


後肢の内側浅層

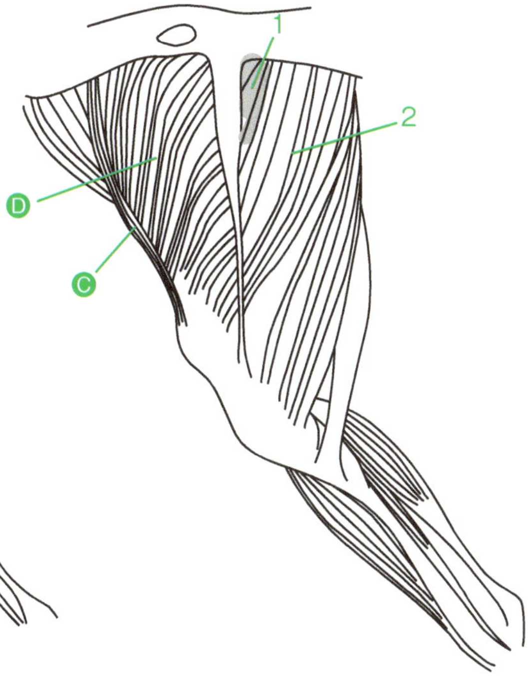


後肢の内側深層

【解答】

1 恥骨筋　2 内転筋　3 薄筋　Ⓐ 縫工筋前部　Ⓑ 縫工筋後部
Ⓒ 大腿四頭筋大腿直筋　Ⓓ 大腿四頭筋内側広筋

# Unit20 背筋と頸筋

## 筋の構造と位置

頸部の筋は頸椎の背側と外側に位置し、表層には板状筋が、深層には頭半棘筋（頸二腹筋、錯綜筋）などがみられます。

背部の筋には頸椎、胸椎、腰椎に沿って位置する筋が含まれ、背部深層の筋は脊柱の横突起の背側で脊柱に沿って位置する腸肋筋や最長筋などがあげられます。

腰椎の腹側面に起こり、骨盤または大腿骨に停止する筋には大腰筋、腸骨筋（双方の筋は合わさり腸腰筋となっています）があげられ、後肢帯筋として分類されています。

**問題1** 図中1～11が示すおもな背筋および頸筋の名称を下の空欄に記入しましょう。（答は右ページ下）

**問題2** 図中Ⓐ・Ⓑが示す頭半棘筋を構成する筋の名称を下の空欄に記入しましょう。（答は右ページ下）

**問題3** 右ページ下の図において、腸腰筋に色を塗りましょう。（答は巻末）

| | |
|---|---|
| 1 [　　　　] | 2 [　　　　] |
| 3 [　　　　] | 4 [　　　　] |
| 5 [　　　　] | 6 [　　　　] |
| 7 [　　　　] | 8 [　　　　] |
| 9 [　　　　] | 10 [　　　　] |
| 11 [　　　　] | |
| Ⓐ [　　　　] | Ⓑ [　　　　] |

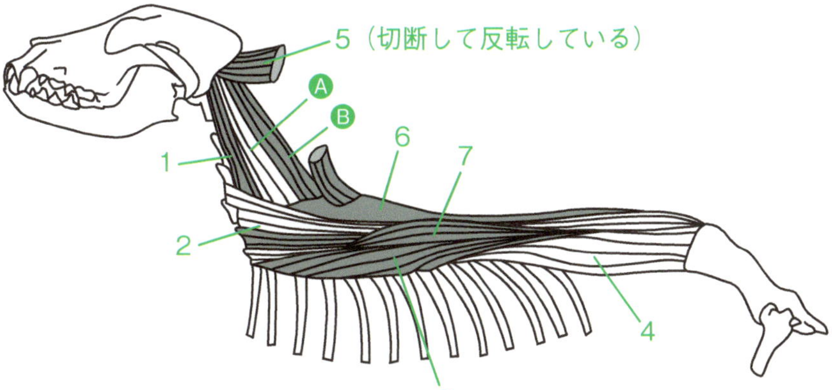


外側の深部

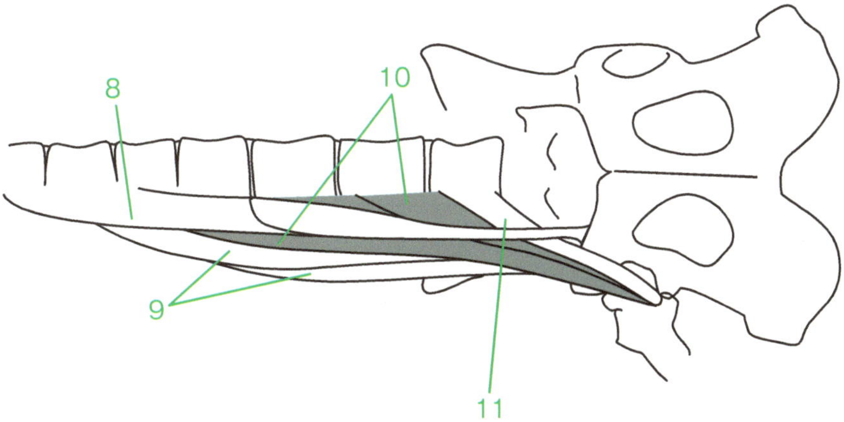


腹腔の内側

【解答】

1 頭最長筋　2 頸最長筋　3 胸腸肋筋　4 腰腸肋筋　5 板状筋
6 棘筋および半棘筋　7 胸最長筋および腰最長筋　8 小腰筋　9 腰方形筋
10 大腰筋　11 腸骨筋　Ⓐ 錯綜筋　Ⓑ 頸二腹筋

# 筋の構造と位置

## 力だめし問題（答は右ページ下）

**問 13** 正しい組み合わせはどれか。

a 体表の皮下には筋膜とよばれる結合組織性の膜がみられる。
b 胸腰筋膜は体幹皮筋の深層に位置する。
c 前肢には肩上腕筋膜の他に前腕筋膜もみられる。
d 後肢では大腿筋膜がみられるのみである。
e 広頸筋は皮筋の一種である。

1 a、b　2 a、e　3 b、c　4 c、d　5 d、e

**問 14** イヌにおいて頸溝を構成する筋の正しい組み合わせはどれか。

a 僧帽筋
b 広背筋
c 胸骨舌骨筋
d 胸骨頭筋
e 肩甲横突筋

1 a、b　2 a、e　3 b、c　4 c、d　5 d、e

**問 15** 正しい組み合わせはどれか。

a 腹直筋は多腹筋である。
b 外肋間筋の筋線維は後下方に走行する。
c 腸肋筋は最長筋の背位に位置する。
d 上腕二頭筋は肘頭に停止する。
e 大腿四頭筋は大腿の後面に位置する。

1 a、b　2 a、e　3 b、c　4 c、d　5 d、e

**問 16** 正しい組み合わせはどれか。

a 棘上筋は肩甲骨の内側面に位置する。
b 上腕筋は肘関節を伸ばす役割を持つ。
c 肩甲下筋は肩甲骨の外側面に位置する。
d 上腕二頭筋は肘関節を屈する役割を持つ。
e 上腕三頭筋は長頭、外側頭、内側頭の３頭よりなる。

1 a、b　2 a、e　3 b、c　4 c、d　5 d、e

**問 17** 指の末節骨に停止し、指関節を屈する筋の正しい組合せはどれか。

a 尺側手根屈筋
b 橈側手根屈筋
c 深指屈筋
d 浅指屈筋
e 総指伸筋

1 a、b　2 a、e　3 b、c　4 c、d　5 d、e

**問 18** イヌにおいて坐骨結節に付着する筋の正しい組み合わせはどれか。

a 大腿二頭筋
b 半腱様筋
c 浅殿筋
d 中殿筋
e 大腿四頭筋

1 a、b　2 a、e　3 b、c　4 c、d　5 d、e

**問 19** 正しい組み合わせはどれか。

a 縫工筋は大腿内側の後方に位置する。
b 内転筋は大腿内側の前方に位置する。
c 薄筋は縫工筋の前方にみられる。
d 薄筋、恥骨筋の深部に大腿四頭筋の内側広筋がみられる。
e 恥骨筋は小型の筋で、寛骨に起こり大腿骨に停止する。

1 a、b　2 a、e　3 b、c　4 c、d　5 d、e

**問 20** 正しい組み合わせはどれか。

a 腸腰筋は大腰筋と腸骨筋で構成される。
b 頸二腹筋および錯綜筋は板状筋の浅層にみられる。
c 最長筋は棘筋および半棘筋の内側、背側を占める。
d 腰方形筋は腰椎の背側面に起こり腸骨に停止する。
e 腸腰筋は大腿骨に停止する。

1 a、b　2 a、e　3 b、c　4 c、d　5 d、e

【正答】

問 13　2　問 14　4　問 15　1　問 16　5　問 17　4　問 18　1　問 19　5　問 20　2

# Unit21 前肢・後肢の神経と血管

## 前肢の神経

前肢のおもな神経は、前肢内側付け根付近の腕神経叢から第六頸神経から第八頸神経と第一胸神経と第二胸神経枝が前肢へ向かい、前肢の内側へは正中神経と尺骨神経が、外側へは橈骨神経が分布し、指端へ分岐し走行しています。

**問題1** 図中1～6が示す前肢に分布する神経の名称を下の空欄に記入しましょう。（答は右ページ下）

**問題2** 橈骨神経に色を塗りましょう。（答は巻末）

1 [　　　　　　　　　　] （肩甲骨に沿って）

2 [　　　　　　　　　　] （肩甲骨に沿って）

3 [　　　　　　　　　　] （脇の下に）

4 [　　　　　　　　　　] （前内側の表面に）

5 [　　　　　　　　　　] （上腕部から内側へ）

6 [　　　　　　　　　　] （上腕部から後へ）

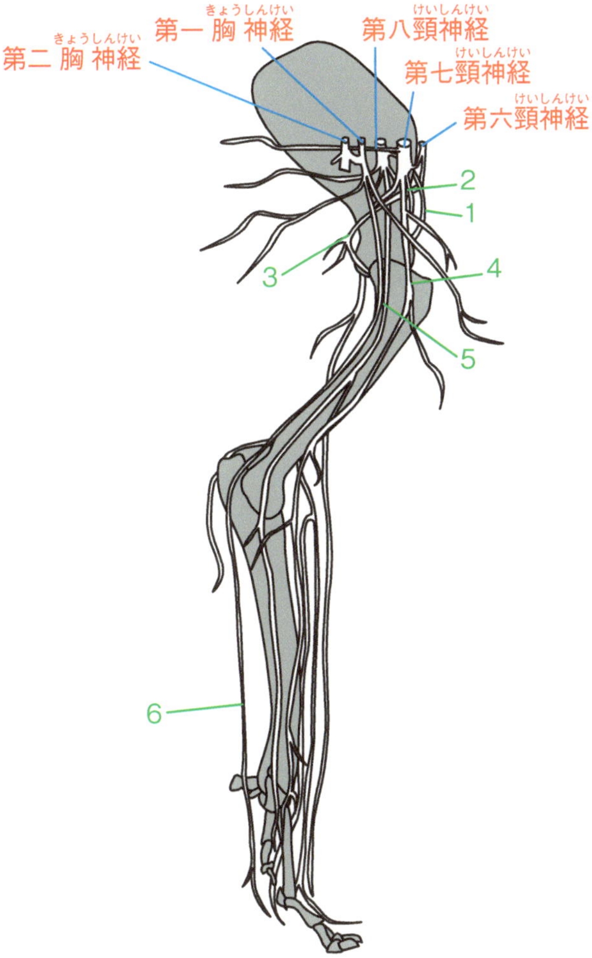


前肢の内側面

【解答】

1 肩甲上神経　2 肩甲下神経　3 腋窩神経　4 筋皮神経　5 正中神経
6 尺骨神経

# Unit22 前肢の血管

## 前肢・後肢の神経と血管

前肢へ伸びる動脈は、鎖骨下動脈から続く腋窩動脈、前肢内側を走行する上腕動脈から正中動脈と続き、肢端に伸びていきます。

ついで静脈のほとんどは、上腕静脈のように同名の動脈と伴走しますが、伴走しない静脈として前腕の前部を走る橈側皮静脈があります。

**問題 1** 図中 1 ～ 5 が示す前肢に分布する動脈と静脈の名称を下の空欄に記入しましょう。（答は右ページ下）

**問題 2** 前肢内側を肢端に向かう動脈の経路を赤く塗りましょう。また、肢端から戻る静脈の経路を青く塗りましょう。（答は巻末）

1 [　　　　　　　　　　　　] (肩部内側から上腕内側へ)

2 [　　　　　　　　　　　　] (上腕内側を前腕へ)

3 [　　　　　　　　　　　　] (上腕の後ろへ)

4 [　　　　　　　　　　　　] (上腕内側を腋窩へ)

5 [　　　　　　　　　　　　] (前腕の前から上腕外側へ)

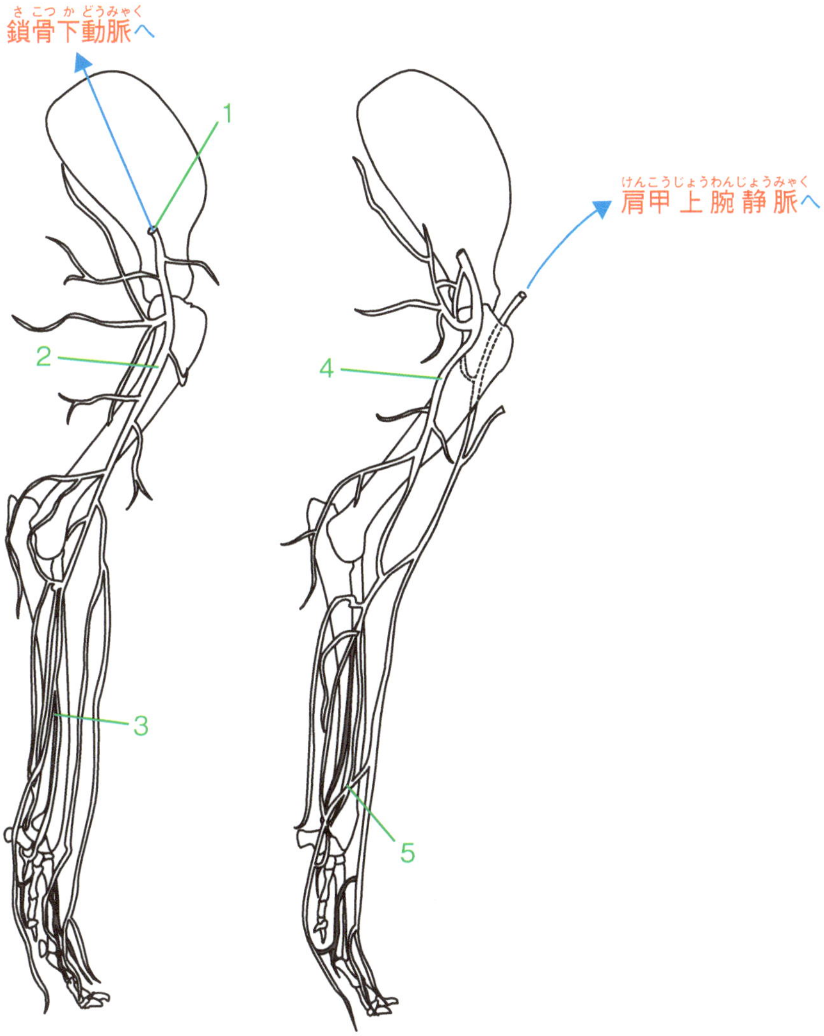


前肢の動脈　　前肢の静脈

前肢の内側面

【解答】

1 腋窩動脈　2 上腕動脈　3 正中動脈　4 上腕静脈　5 橈側皮静脈

## Unit23

# 後肢の神経

## 前肢・後肢の神経と血管

後肢のおもな神経は、脊髄神経である第四腰神経から第三仙骨神経が形成する腰仙骨神経叢から派出しています。第六腰神経から第二仙骨神経が神経の束である腰仙骨神経幹を形成し、腰仙骨神経幹からは閉鎖神経、前殿神経、後殿神経を分岐後、大腿の外側に回りこむ坐骨神経として派出しています。一方、大腿の外側で、坐骨神経は総腓骨神経（浅腓骨神経と深腓骨神経）と脛骨神経を分岐します。大腿の内側へは大腿神経と伏在神経を派出し肢端へ向かいます。

**問題 1** 図中 1 ～ 10 が示す後肢に分布する神経の名称を下の空欄に記入しましょう。（答は右ページ下）

**問題 2** 腰仙骨神経幹から後肢の外側を走行し、肢端へ向かう神経路に色を塗りましょう。（答は巻末）

1 [　　　　　　　　] （骨盤から大腿内側へ）

2 [　　　　　　　　] （大腿内側から肢端へ）

3 [　　　　　　　　] （骨盤内側を閉鎖孔へ）

4 [　　　　　　　　] （第六腰神経から第二仙骨神経を集める）

5 [　　　　　　　　] （骨盤内側へ）

6 [　　　　　　　　] （大腿外側を走行）

7 [　　　　　　　　] （膝部を前へ）

8 [　　　　　　　　] （大腿外側を下腿の前へ）

9 [　　　　　　　　] （大腿外側を下腿の前へ）

10 [　　　　　　　　] （下腿の後ろを足根へ）

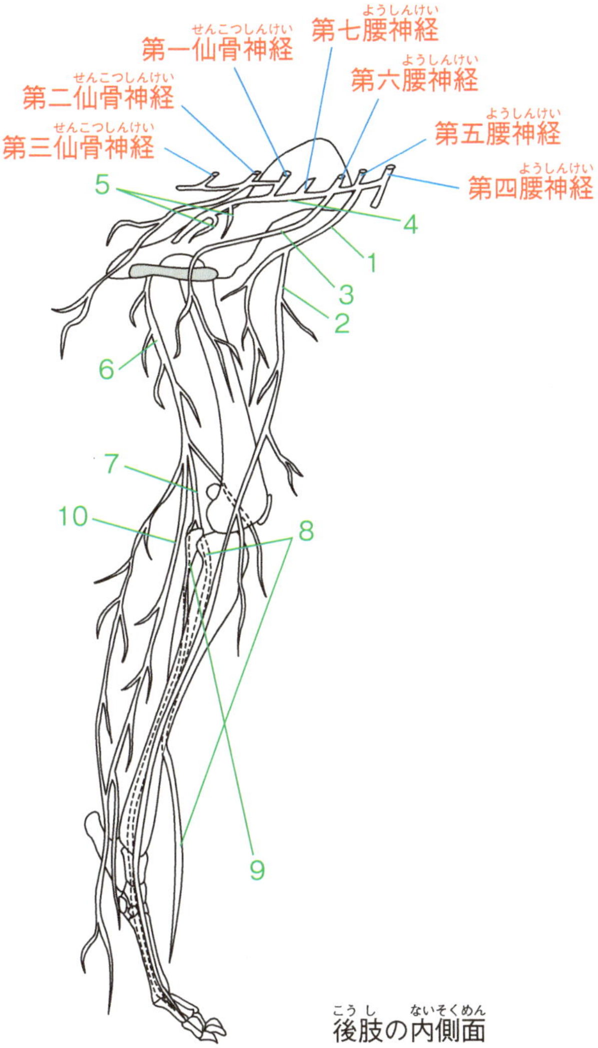


後肢の内側面

【解答】

1 大腿神経　2 伏在神経　3 閉鎖神経　4 腰仙骨神経幹
5 前殿神経および後殿神経　6 坐骨神経　7 総腓骨神経　8 浅腓骨神経
9 深腓骨神経　10 脛骨神経

Unit24

# 後肢の血管

## 前肢・後肢の神経と血管

後肢の動脈は、腹大動脈の枝である外腸骨動脈から後肢内側へ続く大腿動脈がおもな幹となり、後肢肢端へ伸びていきます。大腿動脈から伏在動脈と膝窩動脈が分かれます。

骨盤部への動脈は、腹大動脈から分かれた内腸骨動脈から伸びていきます。

大腿静脈や膝窩静脈などほとんどの静脈は、同名の動脈と伴走します。

**問題1** 図中1～10が示す後肢に分布するおもな動脈と静脈の名称を下の空欄に記入しましょう。（答は右ページ下）

**問題2** 後肢を肢端に向けて走行する太い分枝を赤く塗りましょう。また、肢端から戻る分枝を青く塗りましょう。（答は巻末）

1 [ ]（骨盤を尾側へ）

2 [ ]（大腿内側へ）

3 [ ]（大腿内側を膝へ）

4 [ ]（大腿から後ろへ）

5 [ ]（下腿の前へ）

6 [ ]（骨盤の静脈血を大静脈へ）

7 [ ]（後肢の静脈血を大静脈へ）

8 [ ]（大腿内側を近位へ）

9 [ ]（大腿の後ろから）

10 [ ]（膝窩から大腿へ）

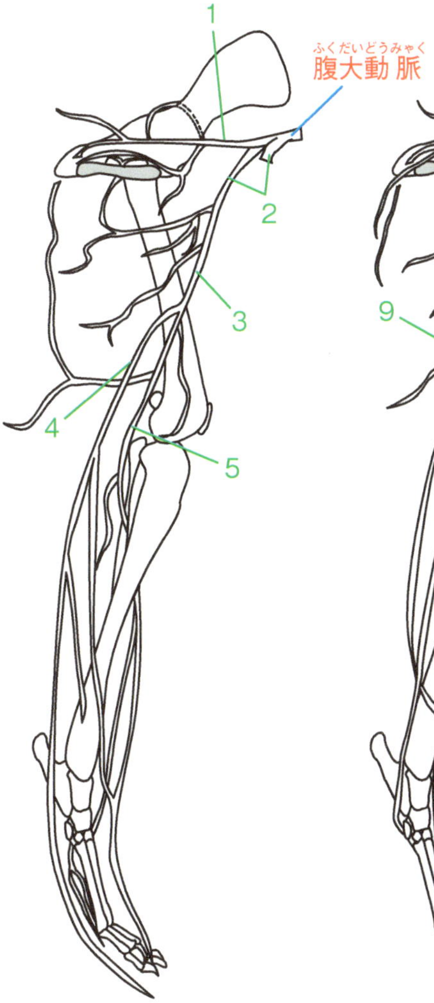

腹大動脈 (ふくだいどうみゃく)

総腸骨静脈 (そうちょうこつじょうみゃく)

後肢の動脈　　後肢の静脈

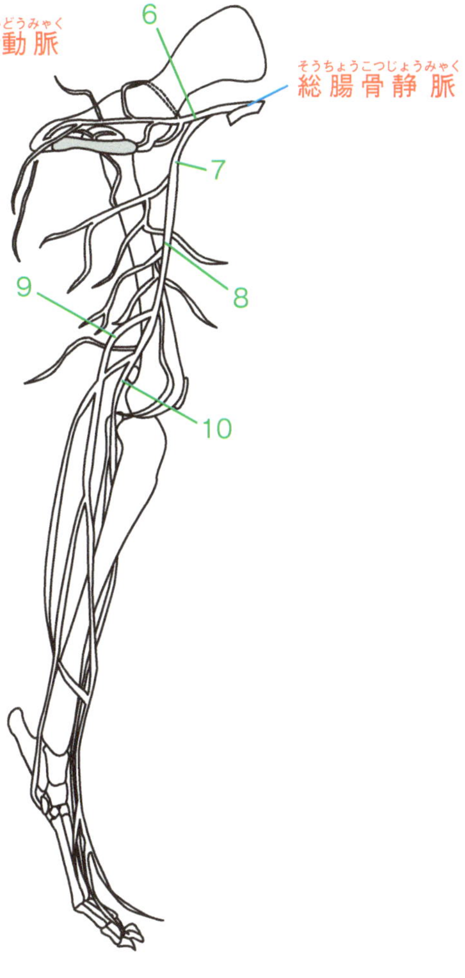

後肢の内側面 (こうし ないそくめん)

【解答】
1 内腸骨動脈 (ないちょうこつどうみゃく)　2 外腸骨動脈 (がいちょうこつどうみゃく)　3 大腿動脈 (だいたいどうみゃく)　4 伏在動脈 (ふくざいどうみゃく)　5 膝窩動脈 (しっかどうみゃく)
6 内腸骨静脈 (ないちょうこつじょうみゃく)　7 外腸骨静脈 (がいちょうこつじょうみゃく)　8 大腿静脈 (だいたいじょうみゃく)　9 伏在静脈 (ふくざいじょうみゃく)　10 膝窩静脈 (しっかじょうみゃく)

# 前肢・後肢の神経と血管

## 力だめし問題（答は右ページ下）

**問 21**　正しい組み合わせを選びなさい。

a　腕神経叢は第一頸神経から第七胸神経により形成される。
b　腕神経叢は前肢内側付け根付近にある。
c　正中神経は上腕内側を走行する。
d　橈骨神経は上腕の前を走行する。
e　尺骨神経は前腕まで伸びない。

1 a、b　2 a、c　3 b、c　4 c、d　5 d、e

**問 22**　正しい組み合わせを選びなさい。

a　腋窩動脈から前肢に入った動脈は、鎖骨下動脈に続く。
d　橈側皮静脈は前腕の後ろを走行する。
c　正中動脈は肩周囲を走行する。
d　上腕動脈は上腕内側を走行する。
e　橈側皮静脈に伴走する動脈はない。

1 a、b　2 a、c　3 b、c　4 c、d　5 d、e

**問 23**　正しい組み合わせを選びなさい。

a　腰仙骨神経幹は、寛骨内側にある。
b　坐骨神経は大腿内側を走行する。
c　脛骨神経は坐骨神経から分岐する。
d　大腿神経は大腿外側を走行する。
e　総腓骨神経は大腿神経から分岐する。

1 a、b　2 a、c　3 b、c　4 c、d　5 d、e

**問 24**　正しい組み合わせを選びなさい。

a　腹大動脈からは、頭側から内腸骨静脈、外腸骨静脈の順に分かれる。
b　骨盤部へは内腸骨動脈が伸びる。
c　伏在動脈は大腿動脈から後ろに向かい分岐する。
d　伏在動脈は後肢肢端まで伸びない。
e　大腿からの血液は外腸骨動脈に集まる。

1 a、b　2 a、c　3 b、c　4 c、d　5 d、e

【解答】

問 21　3　　問 22　5　　問 23　2　　問 24　3

# Unit25 おもな頭部の骨

## 頭部の器官と構造

頭蓋は、脳および感覚器を囲む頭蓋骨（後頭骨、頭頂間骨、底蝶形骨、前蝶形骨、翼状骨、側頭骨、頭頂骨、前頭骨、篩骨、鋤骨）と消化器および上部気道を囲む顔面骨（鼻骨、涙骨、上顎骨、腹鼻甲介骨、切歯骨、口蓋骨、頬骨、下顎骨、舌骨装置）に区分されます。

**問題 1** 図中 1 ～ 18 が示す頭部の骨に関連する部位名を下の空欄に記入しましょう。（答は右ページ下）

**問題 2** それぞれの図において、前頭骨と上顎骨に色を塗りましょう。（答は巻末）

| | |
|---|---|
| 1 [ ]（骨） | 2 [ ]（骨） |
| 3 [ ]（骨） | 4 [ ]（骨） |
| 5 [ ]（骨） | 6 [ ]（骨） |
| 7 [ ]（骨） | 8 [ ]（骨） |
| 9 [ ]（突出部） | 10 [ ]（突起） |
| 11 [ ]（突出部） | 12 [ ]（骨の組み合わせ） |
| 13 [ ]（孔） | 14 [ ]（骨） |
| 15 [ ]（孔） | 16 [ ]（孔） |
| 17 [ ]（骨の組み合わせ） | 18 [ ]（突出部） |

頭蓋の外側面（とうがい　がいそくめん）

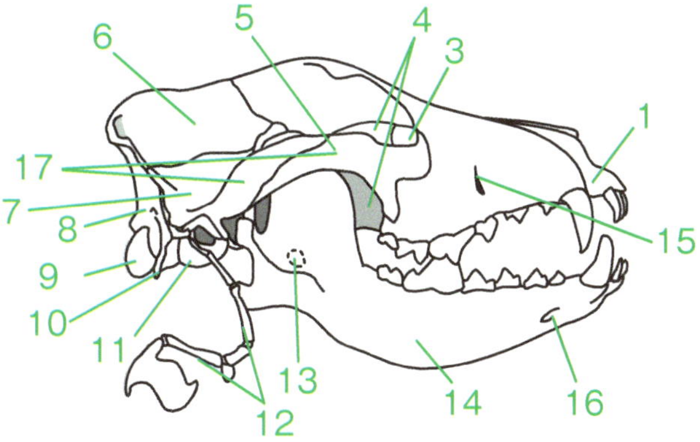


頭蓋の背側面（とうがい　はいそくめん）

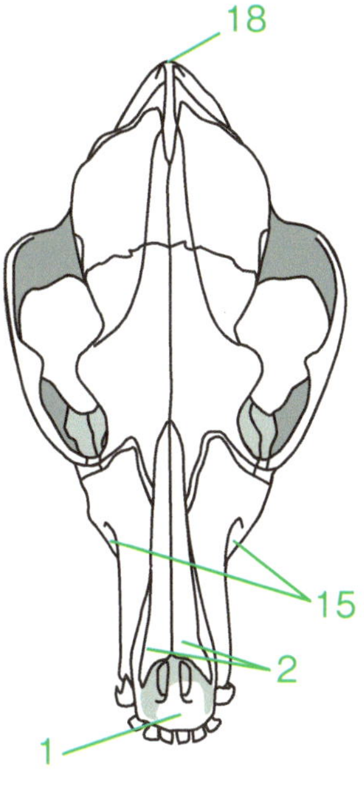


【解答】

1 切歯骨（せっしこつ）　2 鼻骨（びこつ）　3 涙骨（るいこつ）　4 口蓋骨（こうがいこつ）　5 頬骨（きょうこつ）　6 頭頂骨（とうちょうこつ）　7 側頭骨（そくとうこつ）　8 後頭骨（こうとうこつ）
9 後頭顆（こうとうか）　10 頸静脈突起（けいじょうみゃくとっき）　11 鼓室胞（こしつほう）　12 舌骨装置（ぜっこつそうち）　13 下顎孔（かがくこう）　14 下顎骨（かがくこつ）
15 眼窩下孔（がんかかこう）　16 オトガイ孔（こう）　17 頬骨弓（きょうこつきゅう）（頬骨（きょうこつ）＋側頭骨（そくとうこつ））　18 外後頭隆起（がいこうとうりゅうき）

Unit26

# 頭蓋と頭蓋孔

## 頭部の器官と構造

頭蓋には、脳神経や血管が通過する多くの孔が存在します。最大の孔は、頭蓋腔と脊柱管の連絡部に位置する大孔で、延髄から脊髄への移行部が通過します。舌下神経は舌下神経管を、視神経は視神経管を通過し、上顎神経は正円孔（頭蓋内腔からのみ観察可能）を、下顎神経は卵円孔を通過します。前翼孔および後翼孔は顎動脈の通路です。ほかに破裂孔（イヌでは未発達）、眼窩裂、茎乳突孔、後鼻孔などがあります。

**問題 1** 図中 1 ～ 13 が示す部位名を下の空欄に記入しましょう。（答は右ページ下）

**問題 2** 大孔と卵円孔に色を塗りましょう。（答は巻末）

1 [　　　　　　　　] （突出部）　2 [　　　　　　　　] （孔）
3 [　　　　　　　　] （突出部）　4 [　　　　　　　　] （孔）
5 [　　　　　　　　] （孔）　6 [　　　　　　　　] （孔）
7 [　　　　　　　　] （孔）　8 [　　　　　　　　] （孔）
9 [　　　　　　　　] （孔）　10 [　　　　　　　　] （孔）
11 [　　　　　　　　] （骨）　12 [　　　　　　　　] （骨）
13 [　　　　　　　　] （骨）

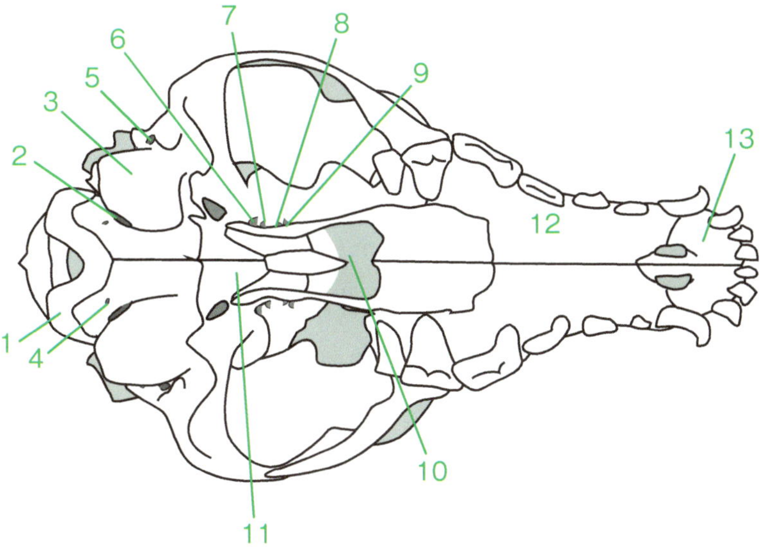


頭蓋骨(とうがいこつ)の腹側面(ふくそくめん)

【解答】

1 後頭顆(こうとうか) 2 鼓室後頭裂(こしつこうとうれつ) 3 鼓室胞(こしつほう) 4 舌下神経管(ぜっかしんけいかん) 5 茎乳突孔(けいにゅうとっこう) 6 後翼孔(こうよくこう)
7 前翼孔(ぜんよくこう) 8 眼窩裂(がんかれつ) 9 視神経管(ししんけいかん) 10 後鼻孔(こうびこう) 11 底蝶形骨(ていちょうけいこつ) 12 上顎骨(じょうがくこつ)
13 切歯骨(せっしこつ)

Unit27

# 眼と副眼器

## 頭部の器官と構造

視覚器は眼（眼球）と副眼器からなります。眼球は周囲を囲む３層の眼球壁（眼球線維膜、眼球血管膜および眼球内膜）と内部の３室（前眼房、後眼房、および硝子体眼房）からなり、副眼器は眼瞼、涙器および眼筋からなります。最外層の眼球線維膜は前方約1/5の透明な角膜と後方約4/5の不透明で白い強膜からなります。また、眼球血管膜は脈絡膜、毛様体および虹彩から、眼球内膜は網膜と毛様体および虹彩の上皮からなります。虹彩で仕切られた前眼房と後眼房は眼房水で満たされ、硝子体眼房には水晶体と硝子体があります。眼瞼とはまぶたのことで、眼の開閉、眼球の保護に関与し、その外面は睫毛を持つ皮膚で、内面は結膜とよばれています。涙器は涙腺、涙小管、涙嚢および鼻涙管からなり、涙液（なみだ）の産生と排出に関与しています。眼球をとりまく眼筋には外側直筋、内側直筋、背側直筋、腹側直筋、背側斜筋、腹側斜筋と眼球後引筋があり、眼球の運動に働いています。

**問題 1**　図中 1 ～ 20 が示す眼球および副眼器の部位名を下の空欄に記入しましょう。（答は右ページ下）

**問題 2**　それぞれの図において、涙腺に色を塗りましょう。また、右の図において、虹彩に色を塗りましょう。（答は巻末）

| | | |
|---|---|---|
| 1 [　　] （裏面の膜） | 2 [　　] （眼瞼会合部） | 3 [　　] （白目の領域） |
| 4 [　　] （濃い黒目の領域） | 5 [　　] （導管の開口部） | 6 [　　] （突出部） |
| 7 [　　] （腺） | 8 [　　] （突出部） | 9 [　　] （管） |
| 10 [　　] （膨らみ） | 11 [　　] （管） | 12 [　　] （黒い膜） |
| 13 [　　] （神経） | 14 [　　] （内側の膜） | 15 [　　] （前方の透明な膜） |
| 16 [　　] （小室） | 17 [　　] （小室） | 18 [　　] （レンズ） |
| 19 [　　] （小室） | 20 [　　] （突出部） | |

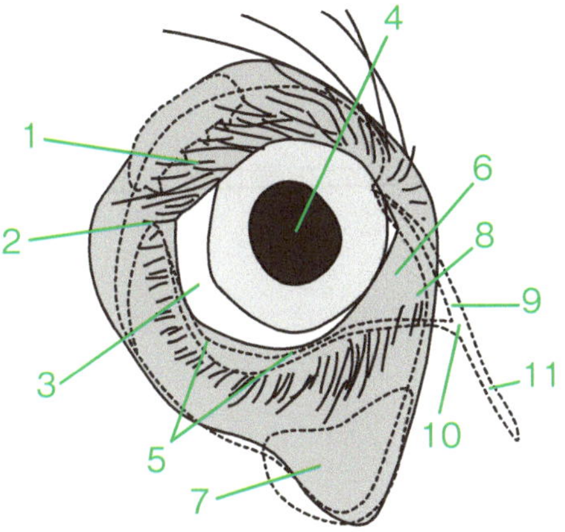


眼球（がんきゅう）の前面

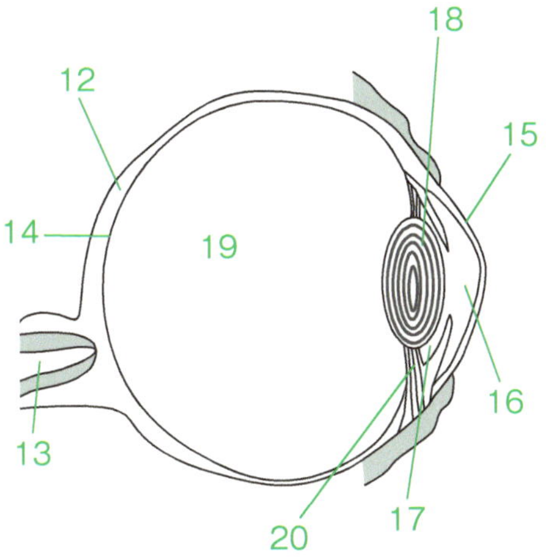


眼球（がんきゅう）の断面

【解答】

1 結膜（けつまく）　2 外側眼瞼交連（がいそくがんけんこうれん）　3 強膜（きょうまく）　4 瞳孔（どうこう）　5 眼瞼腺開口部（がんけんせんかいこうぶ）　6 第三眼瞼（だいさんがんけん）
7 第三眼瞼腺（だいさんがんけんせん）　8 涙丘（るいきゅう）　9 涙小管（るいしょうかん）　10 涙嚢（るいのう）　11 鼻涙管（びるいかん）　12 脈絡膜（みゃくらくまく）
13 視神経（ししんけい）　14 網膜（もうまく）　15 角膜（かくまく）　16 前眼房（ぜんがんぼう）　17 後眼房（こうがんぼう）　18 水晶体（すいしょうたい）
19 硝子体（しょうしたい）（眼房（がんぼう））　20 毛様体（もうようたい）

Unit28

# 鼻部

## 頭部の器官と構造

鼻部は突出した外鼻（いわゆる鼻の領域）と空気の通り道である鼻腔からなります。鼻骨および鼻軟骨は外鼻を形成しています。鼻腔は鼻中隔により左右に仕切られますが、その粘膜（鼻粘膜）は前庭部、呼吸部および嗅部に区分されます。嗅部の嗅上皮にある匂い受容ニューロンである嗅細胞から伸びる嗅神経は、篩板の篩孔を通過して嗅球に入ります。鋤鼻器は切歯管を介してフェロモン様物質を受容し、鋤鼻器の感覚上皮にある感覚細胞は鋤鼻神経をつくり副嗅球に向かいます。

**問題1** 図中１～７が示す鼻のおもな構造の部位名を下の空欄に記入しましょう。（答は右ページ下）

**問題2** 嗅球と鋤鼻器に色を塗りましょう。（答は巻末）

1［　　　　　　　　　　　　］（多数の孔を持つ板状の骨）

2［　　　　　　　　　　　　］（神経）

3［　　　　　　　　　　　　］（仕切り）

4［　　　　　　　　　　　　］（軟骨）

5［　　　　　　　　　　　　］（骨）

6［　　　　　　　　　　　　］（細管）

7［　　　　　　　　　　　　］（神経）

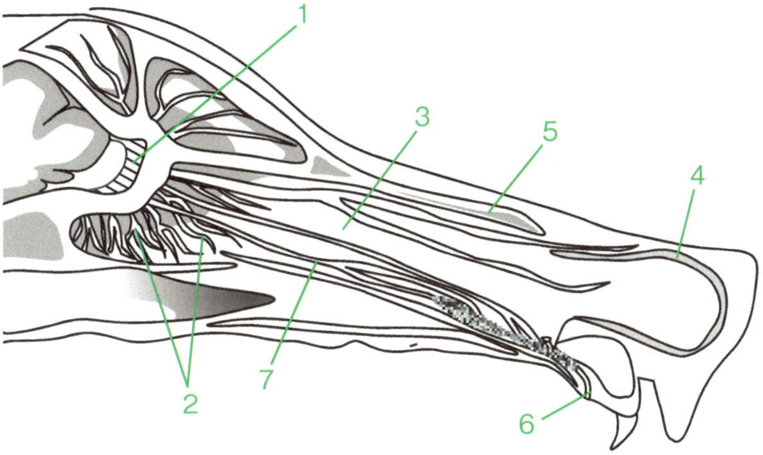


鼻部(びぶ)の断面

【解答】

1 篩板(しばん)　2 嗅神経(きゅうしんけい)　3 鼻中隔(びちゅうかく)　4 鼻軟骨(びなんこつ)　5 鼻骨(びこつ)　6 切歯管(せっしかん)　7 鋤鼻神経(じょびしんけい)

# Unit29 外耳・中耳・内耳

## 頭部の器官と構造

耳は平衡覚、聴覚を司り、外耳、中耳および内耳に区分されます。外耳、中耳は集音・伝音装置として働き、内耳の蝸牛（管）は聴覚器として働き、半規管、卵形嚢および球形嚢は平衡覚の終末受容器として働いています。中耳の鼓室に位置する耳小骨（ツチ骨、キヌタ骨およびアブミ骨）は、互いに関節で連絡し、鼓膜と内耳を結んでいます。

**問題1** 図中1～7が示す耳のおもな構造名を下の空欄に記入しましょう。（答は右ページ下）

**問題2** ツチ骨、キヌタ骨およびアブミ骨に色を塗りましょう。（答は巻末）

1 [　　　　　　　　] （膜）
2 [　　　　　　　　] （空間）
3 [　　　　　　　　] （管）
4 [　　　　　　　　] （アーチ状の構造）
5 [　　　　　　　　] （嚢状構造）
6 [　　　　　　　　] （嚢状構造）
7 [　　　　　　　　] （迂曲した構造）

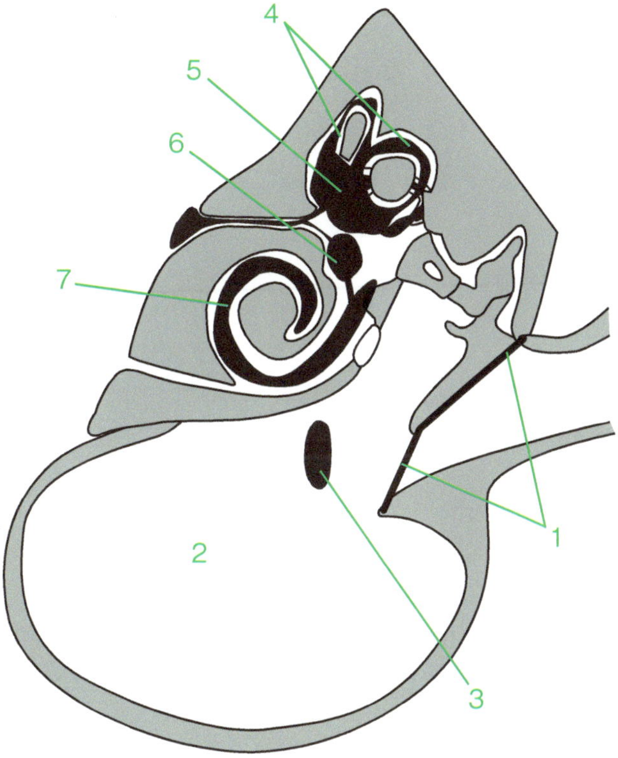


聴覚器(ちょうかくき)の断面

【解答】

1 鼓膜(こまく)　2 鼓室(こしつ)　3 耳管(じかん)　4 半規管(はんきかん)　5 卵形嚢(らんけいのう)　6 球形嚢(きゅうけいのう)　7 蝸牛(かぎゅう)

# Unit30 頭部の筋・血管・神経①

## 頭部の器官と構造

頭部外側には、表層に位置する薄い顔面筋（前頭筋、眼輪筋、口輪筋、頬骨筋、鼻唇挙筋、上唇挙筋、犬歯筋、頬筋、耳下腺耳介筋など）、深層の咀嚼筋（咬筋、側頭筋など）、顔面神経（背頬枝、腹頬枝）、三叉神経の一部、外頸静脈から分枝した静脈、口腔腺（耳下腺、下顎腺）などが観察されます。

**問題1** 図中1～20が示す頭部外側の部位名を下の空欄に記入しましょう。（答は右ページ下）

**問題2** それぞれの図において、眼輪筋と耳下腺に色を塗りましょう。（答は巻末）

| | |
|---|---|
| 1［　　　　］（筋） | 2［　　　　］（筋） |
| 3［　　　　］（筋） | 4［　　　　］（筋） |
| 5［　　　　］（筋） | 6［　　　　］（筋） |
| 7［　　　　］（筋） | 8［　　　　］（筋） |
| 9［　　　　］（丸い塊） | 10［　　　　］（筋） |
| 11［　　　　］（筋） | 12［　　　　］（神経） |
| 13［　　　　］（神経） | 14［　　　　］（神経） |
| 15［　　　　］（血管） | 16［　　　　］（血管） |
| 17［　　　　］（血管） | 18［　　　　］（血管） |
| 19［　　　　］（筋） | 20［　　　　］（丸い塊） |

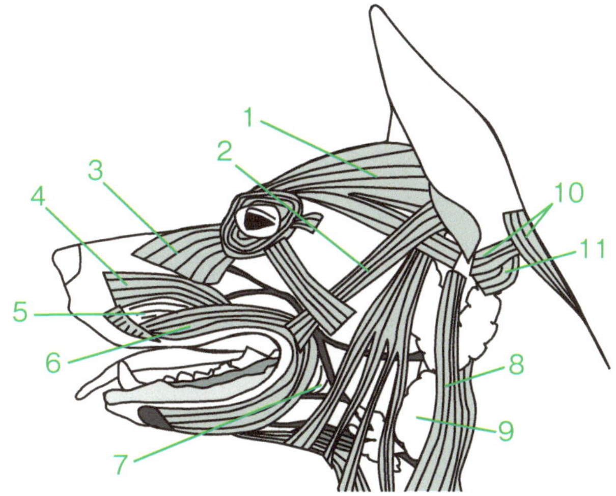


頭部表層の筋、口腔腺

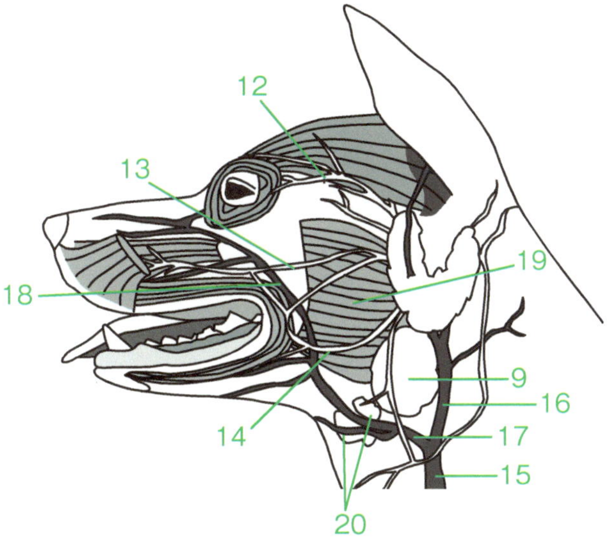


頭部表層の血管神経

【解答】

1 前頭筋　2 頬骨筋　3 鼻唇挙筋　4 上唇挙筋　5 犬歯筋　6 口輪筋　7 頬筋
8 耳下腺耳介筋　9 下顎腺　10 頸耳介筋　11 側頭筋　12 大耳介神経
13 背頬枝（顔面神経）　14 腹頬枝（顔面神経）　15 外頸静脈　16 顎静脈
17 舌顔面静脈　18 顔面静脈　19 咬筋　20 下顎リンパ節

# Unit31 頭部の筋・血管・神経②

## 頭部の器官と構造

頭部腹側には、胸骨にはじまる胸骨頭筋、胸骨舌骨筋、胸骨甲状筋、舌骨と前方を結ぶ舌骨舌筋、顎舌骨筋、茎突舌骨筋、オトガイ舌骨筋、また咀嚼に関与する咬筋といった筋のほかに迷走神経、総頸動脈とその分枝、下顎腺、舌下腺とその導管である下顎腺管、大舌下腺管などが観察されます。

**問題 1** 図中 1 ～ 13 が示す頭腹側の部位名を下の空欄に記入しましょう。（答は右ページ下）

**問題 2** 右ページ左の図において、顎舌骨筋に色を塗りましょう。また、右の図において、下顎腺管に色を塗りましょう。（答は巻末）

| | |
|---|---|
| 1 [　　　　] （筋） | 2 [　　　　] （筋） |
| 3 [　　　　] （丸い塊） | 4 [　　　　] （骨） |
| 5 [　　　　] （筋） | 6 [　　　　] （神経） |
| 7 [　　　　] （神経） | 8 [　　　　] （筋） |
| 9 [　　　　] （筋） | 10 [　　　　] （神経） |
| 11 [　　　　] （腺） | 12 [　　　　] （腺） |
| 13 [　　　　] （血管） | |

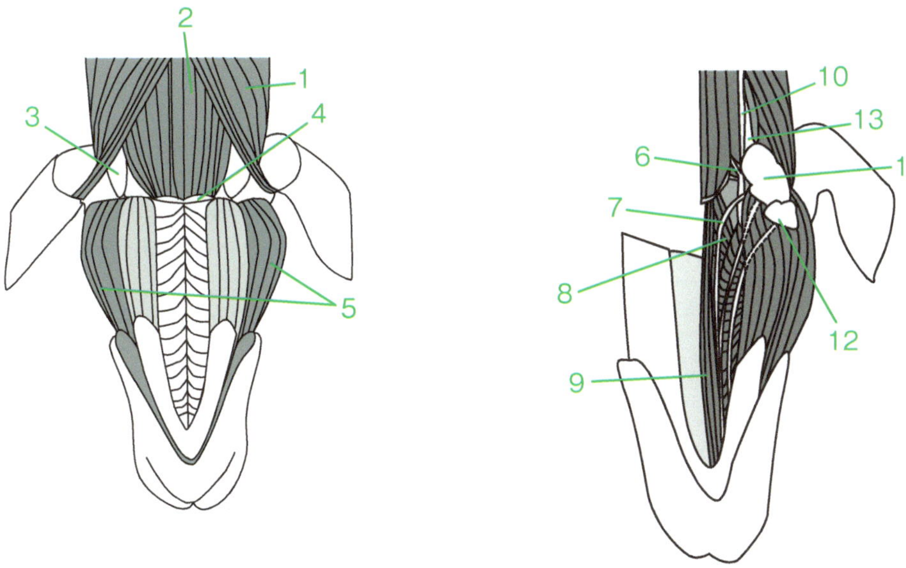


頭部の腹側面

【解答】

1 胸骨頭筋　2 胸骨舌骨筋　3 内側咽頭後リンパ節　4 底舌骨　5 咬筋
6 前喉頭神経　7 舌下神経　8 舌骨舌筋　9 オトガイ舌骨筋　10 迷走神経
11 下顎腺　12 舌下腺　13 総頸動脈

# 頭部の器官と構造

## 力だめし問題（答は右ページ下）

**問 25**　正しい組み合わせを選びなさい。

a 顔面骨は脳および感覚器を囲む。
b 頬骨弓は頬骨と頭頂骨から形成される。
c 下顎孔は下顎骨の外側に位置する。
d 切歯骨は顔面骨である。
e 眼窩下孔は上顎骨を貫く。

1 a、b　2 a、c　3 b、c　4 c、d　5 d、e

**問 26**　正しい組み合わせを選びなさい。

a 大孔は延髄から脊髄への移行部が通過する。
b 視神経管は眼神経が通過する。
c 上顎神経は正円孔を通過する
d 下顎神経は前翼孔を通過する。
e 顎動脈は卵円孔を通過する。

1 a、b　2 a、c　3 b、c　4 c、d　5 d、e

**問 27**　正しい組み合わせを選びなさい。

a 角膜は不透明な白い膜である。
b 前眼房と後眼房は虹彩で仕切られる。
c 眼瞼の内面は結膜とよばれる。
d 硝子体眼房は眼房水で満たされる。
e 強膜は眼球線維膜の前方約 1/ 5 を占める。

1 a、b　2 a、c　3 b、c　4 c、d　5 d、e

**問 28**　正しい組み合わせを選びなさい。

a 鼻腔は鼻中隔により左右に仕切られる。
b 嗅神経は篩板の篩孔を通過して嗅球に入る。
c 鼻骨のみが外鼻の形成にあずかる。
d 嗅上皮にはフェロモン受容ニューロンである嗅細胞が存在する。
e 鋤鼻器の感覚上皮には匂い受容ニューロンである感覚細胞が存在する。

1 a、b　2 a、c　3 b、c　4 c、d　5 d、e

**問 29**　正しい組み合わせを選びなさい。

a 蝸牛は中耳に存在する。
b アブミ骨は鼓膜と接している。
c ツチ骨は内耳と接している。
d 耳小骨は互いに連結し、鼓膜と内耳を結ぶ。
e 半規管、卵形嚢および球形嚢は平衡覚の終末受容器である。

1 a、b　2 a、c　3 b、c　4 c、d　5 d、e

**問 30**　正しい組み合わせを選びなさい。

a 三叉神経は顔面表層で背頬枝、腹頬枝に分かれる。
b 犬歯筋は咀嚼筋である。
c 側頭筋は咀嚼筋である。
d 耳下腺は唾液を分泌する口腔腺である。
e 下顎腺はホルモンを分泌する内分泌腺である。

1 a、b　2 a、c　3 b、c　4 c、d　5 d、e

**問 31**　正しい組み合わせを選びなさい。

a オトガイ舌骨筋は舌骨とその後方を結ぶ。
b 咬筋は咀嚼筋である。
c 舌下腺は唾液を分泌する口腔腺である。
d 下顎腺の導管は複数存在する。
e 顎舌骨筋は上顎骨と舌骨を結ぶ。

1 a、b　2 a、c　3 b、c　4 c、d　5 d、e

【解答】

問 25　5　　問 26　2　　問 27　3　　問 28　1　　問 29　5　　問 30　4　　問 31　3

# Unit32 歯

## 消化器系

歯列（永久歯）の基本構造は、第一～第三切歯（I と表記します）、犬歯（C）、第一～第四前臼歯（P）、第一～第四後臼歯（M）です。M2/3 は上顎の後臼歯が 2 本、下顎の後臼歯が 3 本であることを示します。イヌの歯式は（I3/3 C1/1 P4/4 M2/3）で 42 本です。また、ウシは上顎切歯を持たず、代わりに歯肉が硬く角化した歯床板をそなえています。ウシの歯式は（I0/4 C0/0 P3/3 M3/3）で 32 本です。

**問題 1** 図中 1 ～ 7 が示す歯の名称を下の空欄に記入しましょう。（答は右ページ下）

**問題 2** それぞれの図において、イヌとウシの後臼歯に色を塗りましょう。（答は巻末）

1 [　　　　　　　　] （歯）

2 [　　　　　　　　] （歯）

3 [　　　　　　　　] （歯）

4 [　　　　　　　　] （歯）

5 [　　　　　　　　] （上顎の歯肉が角化した部位）

6 [　　　　　　　　] （歯）

7 [　　　　　　　　] （歯）

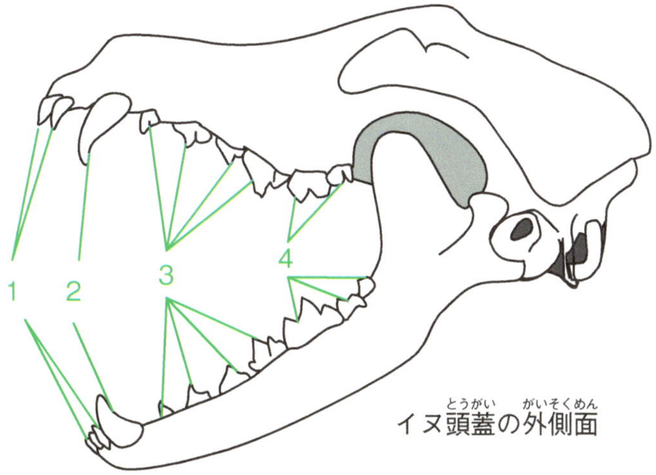


イヌ頭蓋（とうがい）の外側面（がいそくめん）

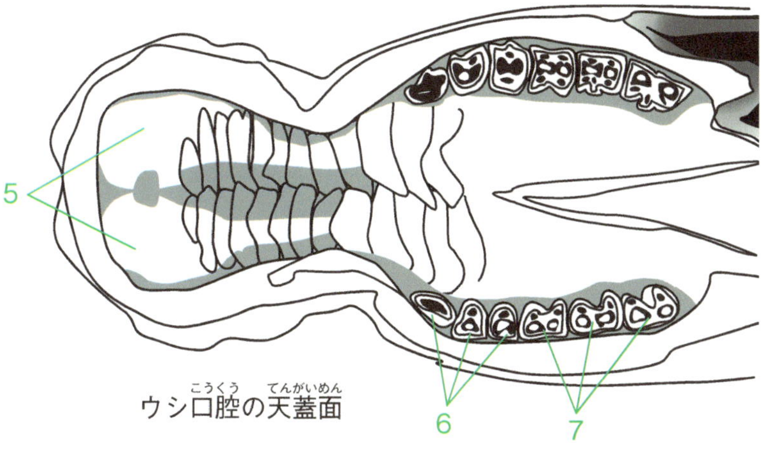


ウシ口腔（こうくう）の天蓋面（てんがいめん）

【解答】

1 切歯（せっし）　2 犬歯（けんし）　3 前臼歯（ぜんきゅうし）　4 後臼歯（こうきゅうし）　5 歯床板（ししょうばん）　6 前臼歯（ぜんきゅうし）　7 後臼歯（こうきゅうし）

# Unit33 口腔腺

## 消化器系

口腔（唾液）腺は、唾液を口腔内に分泌する腺です。唾液としてデンプンなど一部の炭水化物を消化するアミラーゼや弱アルカリを維持している重炭酸塩を分泌し、さらに食物をしめらせ滑らかにすることで咀嚼と嚥下を助けている粘液を分泌しています。口腔腺には小口腔腺と大口腔腺があげられますが、イヌは大口腔腺である耳下腺、下顎腺、単孔舌下腺、多孔舌下腺を持ち、小口腔腺として頬骨腺や粘膜上皮下の小粘液腺を持っています。

**問題1** 図中1～4が示す口腔腺および唾液の分泌部位の名称を下の空欄に記入しましょう。（答は右ページ下）

**問題2** 耳下腺と頬骨腺に色を塗りましょう。（答は巻末）

1 [　　　　　　　　　　　　　　]

2 [　　　　　　　　　　　　　　]

3 [　　　　　　　　　　　　　　]

4 [　　　　　　　　　　　　　　]（唾液の分泌口）

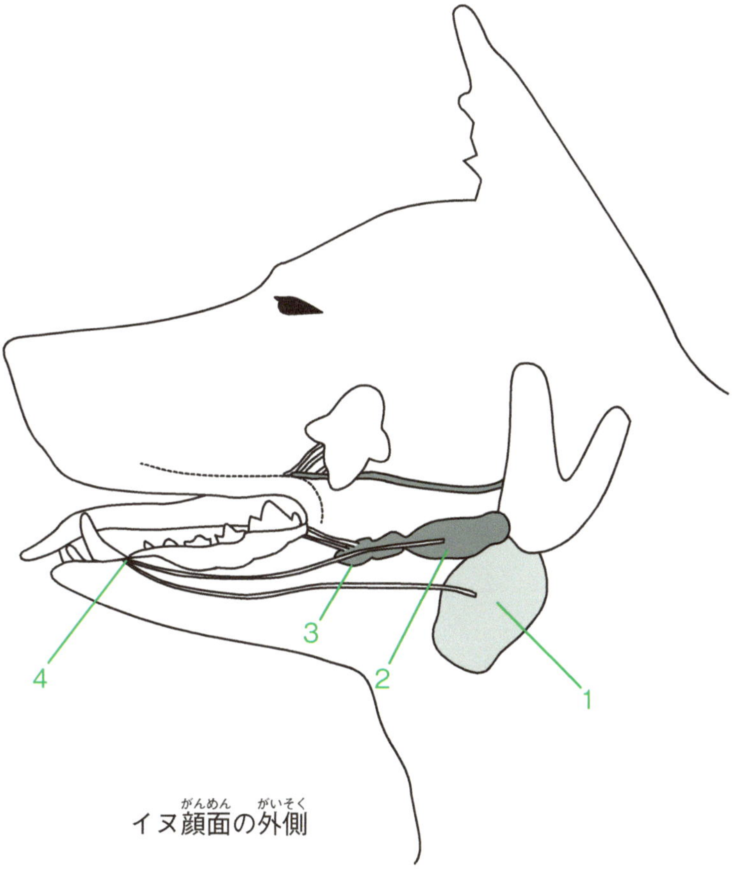


イヌ顔面の外側

【解答】

1 下顎腺　2 単孔舌下腺　3 多孔舌下腺　4 舌下小丘

# Unit34 口腔・舌・咽頭・食道

## 消化器系

口腔の背側には硬口蓋があり、その奥には軟口蓋が位置しています。さらに口腔の腹側には舌があります。舌には味蕾があって、味を感じる味蕾乳頭と、食べ物をなめとりやすくする機械乳頭があります。さらに、味蕾乳頭には、有郭乳頭、葉状乳頭および茸状乳頭があり、機械乳頭には円錐乳頭および糸状乳頭があります。また、辺縁乳頭とよばれる機械乳頭は新生犬の舌にみられます。また、イヌでは舌尖内部中央部の中隔部にリッサとよばれる桿状の構造物があります。

咽頭は口腔と食道間および鼻腔と喉頭間にある腔所です。またそれぞれを咽頭口部、咽頭鼻部とよびます。喉頭は咽頭と気管の間にあり、咽頭からの入り口である喉頭口とそのふたの役割をする喉頭蓋があります。

**問題1** 図中 1 ～ 10 が示す部位名を下の空欄に記入しましょう。（答は右ページ下）

**問題2** 空気の通り道である鼻腔、咽頭鼻部、気管に色を塗りましょう。（答は巻末）

| | |
|---|---|
| 1 [　　　　　　] （口腔部） | 2 [　　　　　　] （口腔天井の手前の部分） |
| 3 [　　　　　　] （口腔底部） | 4 [　　　　　　] （口腔天井の奥の部分） |
| 5 [　　　　　　] （気道部への入り口の弁） | 6 [　　　　　　] （気道部） |
| 7 [　　　　　　] （気道部への入り口） | 8 [　　　　　　] （舌にある構造） |
| 9 [　　　　　　] （舌にある構造） | 10 [　　　　　　] （桿状の構造） |

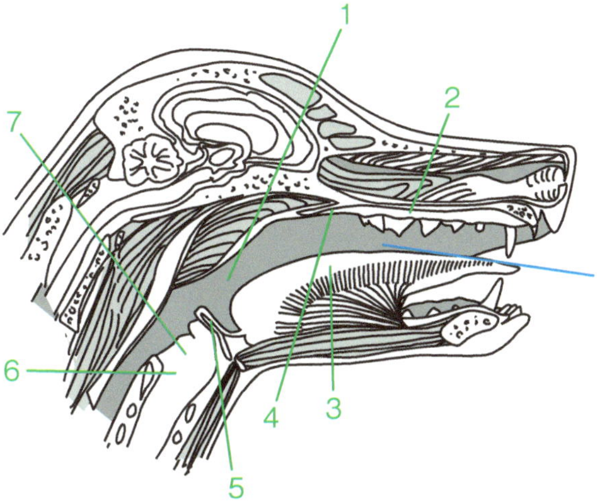


頭部の矢状断面

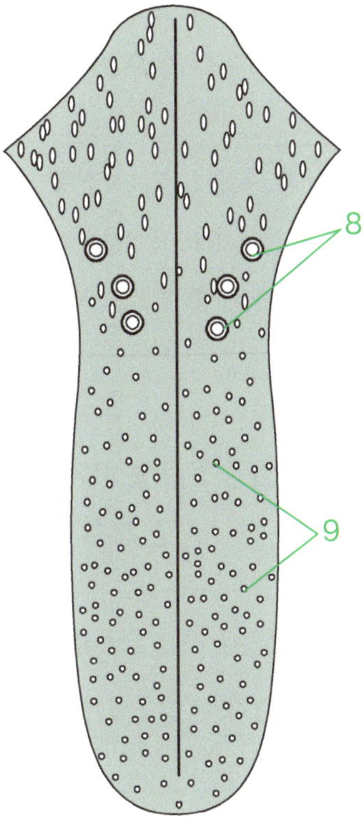


舌の背側面

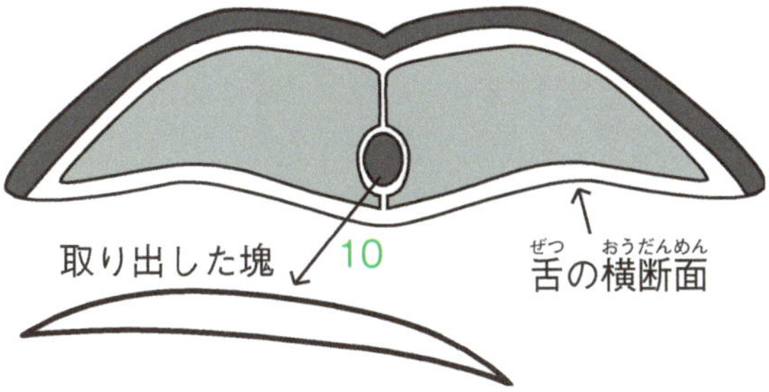


舌の横断面

【解答】

1 咽頭口部　2 硬口蓋　3 舌　4 軟口蓋　5 喉頭蓋　6 喉頭　7 喉頭口
8 有郭乳頭　9 茸状乳頭　10 リッサ

# Unit35 胃・小腸・大腸

## 消化器系

胃の入口（食道側）は噴門、出口付近（十二指腸側）は幽門であり、噴門から幽門までの小さい彎曲部が小彎、大きい彎曲部が大彎です。また、胃底には胃液を分泌している固有胃腺があります。

小腸は十二指腸、空腸、回腸からなり、十二指腸に接するように膵臓が位置していて膵液を分泌しています。膵液は膵管と副膵管を介して大十二指腸乳頭と小十二指腸乳頭にそれぞれ開口します（このほか胆汁は大十二指腸乳頭に胆管を介して分泌されます）。空腸と回腸は小腸の大部分を占め、腹腔内で大きく蛇行しています。

大腸は盲腸、結腸、直腸からなり、イヌの盲腸は短くコイル状で、回腸とともに上行結腸に開口しています。結腸は上行結腸、横行結腸、下行結腸からなり、最後に拡張した結腸膨大部となります。つづいて直腸に移行し、肛門部へと続いています。

**問題1** 図中 1 ～ 19 が示す部位名を下の空欄に記入しましょう。（答は右ページ下）

**問題2** 右ページ上の図において、小腸に色を塗りましょう。（答は巻末）

| | | | |
|---|---|---|---|
| 1 [　　] | （短い彎曲部） | 2 [　　] | （長い彎曲部） |
| 3 [　　] | （管） | 4 [　　] | （入口） |
| 5 [　　] | （中央部） | 6 [　　] | （出口） |
| 7 [　　] | （管） | 8 [　　] | （管） |
| 9 [　　] | （管） | 10 [　　] | （管） |
| 11 [　　] | （管） | 12 [　　] | （11 の一部） |
| 13 [　　] | （11 の一部） | 14 [　　] | （11 の一部） |
| 15 [　　] | （管） | 16 [　　] | （管） |
| 17 [　　] | （開口部） | 18 [　　] | （開口部） |
| 19 [　　] | （臓器） | | |

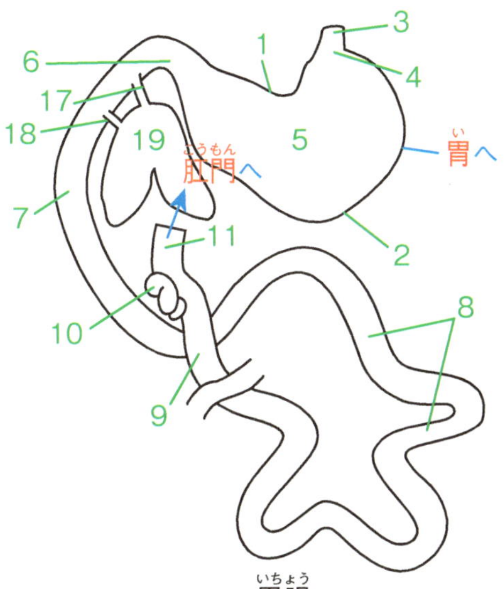


胃腸（いちょう）

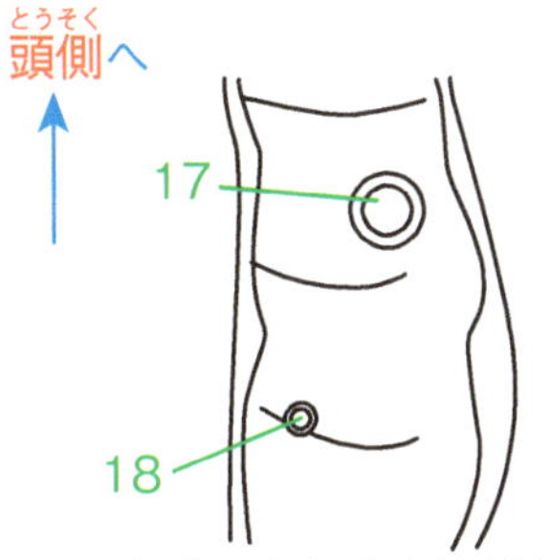


十二指腸の粘膜面（じゅうにしちょうのねんまくめん）

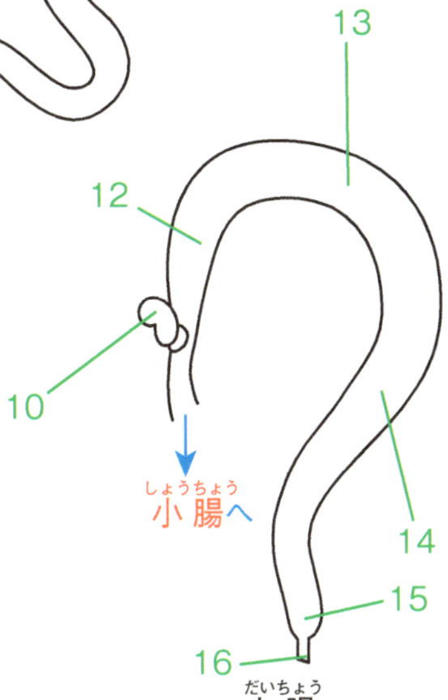


大腸（だいちょう）

**【解答】**

1 小弯（しょうわん）　2 大弯（だいわん）　3 食道（しょくどう）　4 噴門（ふんもん）　5 胃底（いてい）　6 幽門（ゆうもん）　7 十二指腸（じゅうにしちょう）　8 空腸（くうちょう）

9 回腸（かいちょう）　10 盲腸（もうちょう）　11 結腸（けっちょう）　12 上行結腸（じょうこうけっちょう）　13 横行結腸（おうこうけっちょう）　14 下行結腸（かこうけっちょう）

15 直腸（ちょくちょう）　16 肛門管（こうもんかん）　17 大十二指腸乳頭（だいじゅうにしちょうにゅうとう）　18 小十二指腸乳頭（しょうじゅうにしちょうにゅうとう）　19 膵臓（すいぞう）

# Unit36 肝臓と膵臓

## 消化器系

肝臓は腹腔の前方に位置し、横隔膜に接しています。肝臓の大部分は正中軸の右よりにあり、肝臓の横隔膜側を横隔面、腹腔臓器側を臓側面とよんでいます。臓側面には肝門脈、胆管、肝動脈が出入りする肝門があり、胆嚢が隣接していいます。胆嚢は胆管を介して胆汁を十二指腸に分泌しています。

肝臓は、大きく分けて左葉、右葉、尾状葉および方形葉に分けられます。イヌでは左右の葉がさらに内側、外側の各葉（内側右葉、外側右葉、内側左葉、外側左葉）に分かれます。また、尾状葉は尾状突起と乳頭突起を備えています。

膵臓は十二指腸近位部に接して腹腔背側に位置し、膵体、膵右葉、膵左葉の３部に分けられています。膵液は、膵管および副膵管から分泌され、膵管は、総胆管とともに大十二指腸乳頭に、副膵管は小十二指腸乳頭に開口しています。

**問題 1** 図中１～８が示す肝臓の部位名を下の空欄に記入しましょう。（答は右ページ下）

**問題 2** 尾状葉に色を塗りましょう。（答は巻末）

1［　　　　　　　　　　］
2［　　　　　　　　　　］
3［　　　　　　　　　　］（腹側）
4［　　　　　　　　　　］
5［　　　　　　　　　　］（袋）
6［　　　　　　　　　　］
7［　　　　　　　　　　］（管）
8［　　　　　　　　　　］（血管）

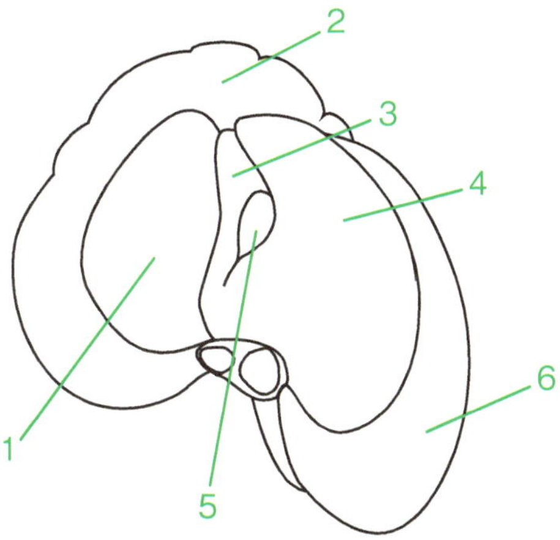


肝臓(かんぞう)の横隔面(おうかくめん)

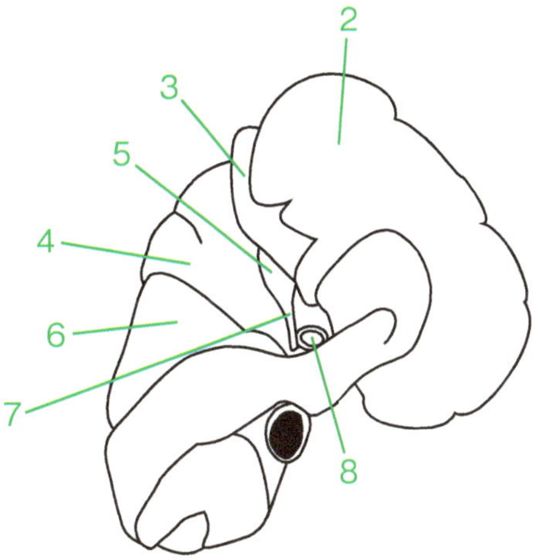


肝臓(かんぞう)の臓側面(ぞうそくめん)

【解答】

1 内側左葉(ないそくさよう)　2 外側左葉(がいそくさよう)　3 方形葉(ほうけいよう)　4 内側右葉(ないそくうよう)　5 胆嚢(たんのう)　6 外側右葉(がいそくうよう)　7 胆管(たんかん)
8 門脈(もんみゃく)

# 消化器系

## 力だめし問題（答は右ページ下）

問 32　イヌの歯式（ししき）について正しいものを選びなさい。

1 3-1-4-2/3-1-4-3
2 0-0-3-3/4-0-3-3
3 3-1-4-3/3-1-4-3
4 3-0-3-3/3-0-3-3
5 2-0-3-3/1-0-2-3

問 33　小口腔腺（しょうこうくうせん）を選びなさい。

1 耳下腺（じかせん）
2 下顎腺（かがくせん）
3 単孔舌下腺（たんこうぜっかせん）
4 多孔舌下腺（たこうぜっかせん）
5 頬骨腺（きょうこつせん）

問 34　味蕾乳頭（みらいにゅうとう）をすべて選びなさい。

1 糸状乳頭（しじょうにゅうとう）
2 茸状乳頭（じじょうにゅうとう）
3 有郭乳頭（ゆうかくにゅうとう）
4 葉状乳頭（ようじょうにゅうとう）
5 円錐乳頭（えんすいにゅうとう）

問 35　小腸（しょうちょう）をすべて選びなさい。

1 十二指腸（じゅうにしちょう）
2 盲腸（もうちょう）
3 回腸（かいちょう）
4 直腸（ちょくちょう）
5 空腸（くうちょう）

問 36　総胆管（そうたんかん）の開口部を選びなさい。

1 十二指腸（じゅうにしちょう）
2 盲腸（もうちょう）
3 回腸（かいちょう）
4 直腸（ちょくちょう）
5 空腸（くうちょう）

【解答】

問 32　1（2、3、4、5 の順にウシ、ブタ、ウマ（メス）、ウサギ）　問 33　5　問 34　2、3、4

問 35　1、3、5　問 36　1

# Unit37 体腔と漿膜

## 体腔と循環器系・呼吸器系

体腔は内臓を容れている体内の腔所で、胸腔、腹腔と腹腔後部の骨盤腔に区分されます。筋性膜である横隔膜は胸腔と腹腔を分けています。体腔は漿膜によって内張りされており、漿膜は胸腔では胸膜および心膜、腹腔と骨盤腔では腹膜とよばれます。漿膜でおおわれた空間は漿膜腔とよばれ、左右の胸膜腔、心膜腔、腹膜腔の４つがあります。漿膜は体壁側をおおう部分（壁側胸膜または壁側腹膜）と、これが反転して内臓表面をおおう部分（臓側胸膜または臓側腹膜）とに区分されます。左右の胸膜腔は左右の縦隔胸膜によって仕切られ、この間に心臓、大動脈、気管、食道などが含まれています。また、２枚の壁側腹膜が合わさり、内臓に向かう血管や神経を挟んで保定している場合には間膜とよばれます。膵臓、腎臓、副腎などの器官は腹膜腔の外（腹膜後隙）に位置しています。

**問題 1** 図中のⒶ～Ⓔが示す構造名を下の空欄に記入しましょう。（答は右ページ下）

**問題 2** 図中の 1 ～ 15 が示す構造名を下の空欄に記入しましょう。（答は右ページ下）

**問題 3** 漿膜のおおっている部分に色を塗りましょう。（答は巻末）

Ⓐ [　　　　] （腔所）　Ⓑ [　　　　] （腔所）　Ⓒ [　　　　] （腔所）

Ⓓ [　　　　] （腔所）　Ⓔ [　　　　] （腔所）

1 [　　　　] （膜）　2 [　　　　] （膜）

3 [　　　　] （保定膜）　4 [　　　　] （保定膜）

5 [　　　　] （保定膜）　6 [　　　　] （保定膜）

7 [　　　　] （膜）　8 [　　　　] （膜）

9 [　　　　] （筋性膜）　10 [　　　　] （膜）

11 [　　　　] （膜）　12 [　　　　] （膜）

13 [　　　　] （膜）　14 [　　　　] （保定膜）

15 [　　　　] （膜）

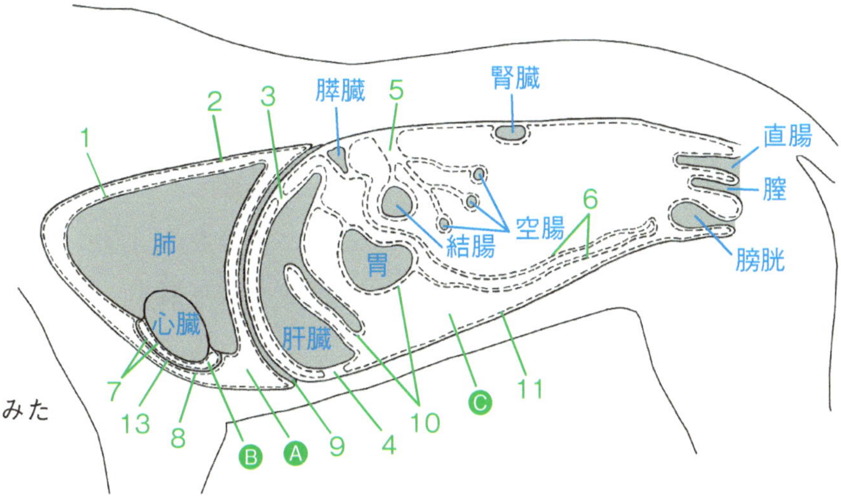


傍正中断面からみた
体腔と漿膜

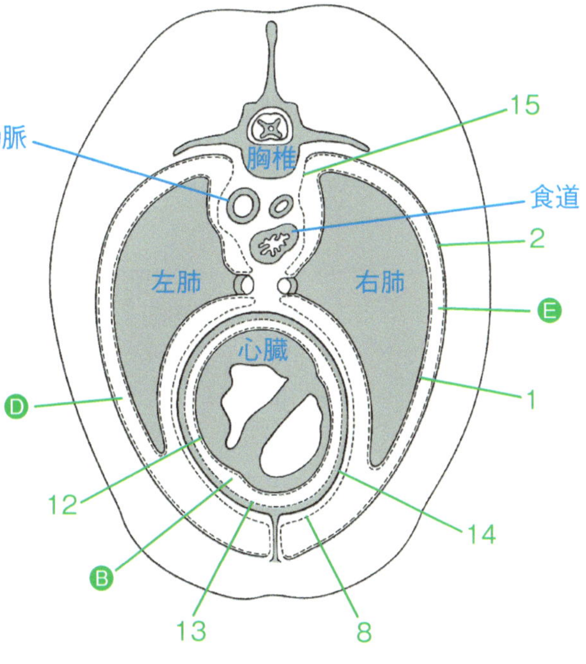


横断面からみた
体腔と漿膜

【解答】

A 胸膜腔　B 心膜腔　C 腹膜腔　D 左胸膜腔　E 右胸膜腔

1 臓側胸膜（肺胸膜）　2 壁側胸膜（肋骨胸膜）　3 肝冠状間膜

4 肝鎌状間膜　5 腸間膜　6 大網　7 漿膜性心膜　8 心膜胸膜　9 横隔膜

10 臓側腹膜　11 壁側腹膜　12 漿膜性心膜臓側板（心外膜）

13 漿膜性心膜壁側板　14 線維性心膜　15 壁側胸膜（縦隔胸膜）

# Unit38 循環器系の構造

## 体腔と循環器系・呼吸器系

循環器系（心臓脈管系）は、血液、心臓、血管系、リンパ系から構成されています。血管系は心臓を中心に全身に血液を運び、血液を心臓から体全体へと運び心臓へ戻す大循環（体循環）と、血液を肺へと運び心臓へ戻す小循環（肺循環）から構成されています。

**問題1** 図中1～10が示す部位名を下の空欄に入れましょう。（答は右ページ下）

**問題2** 図中Ⓐ、Ⓑはそれぞれ大循環と小循環のいずれか、下の空欄に入れましょう。（答は右ページ下）

**問題3** 動脈血が流れている部分を赤色に、静脈血が流れている部分を青色に塗りましょう。（答は巻末）

1 [　　　　　　　　] （区画）
2 [　　　　　　　　] （区画）
3 [　　　　　　　　] （区画）
4 [　　　　　　　　] （区画）
5 [　　　　　　　　] （血管）
6 [　　　　　　　　] （血管）
7 [　　　　　　　　] （血管）
8 [　　　　　　　　] （血管）
9 [　　　　　　　　] （血管）
10 [　　　　　　　　] （血管）
Ⓐ [　　　　　　　　]
Ⓑ [　　　　　　　　]

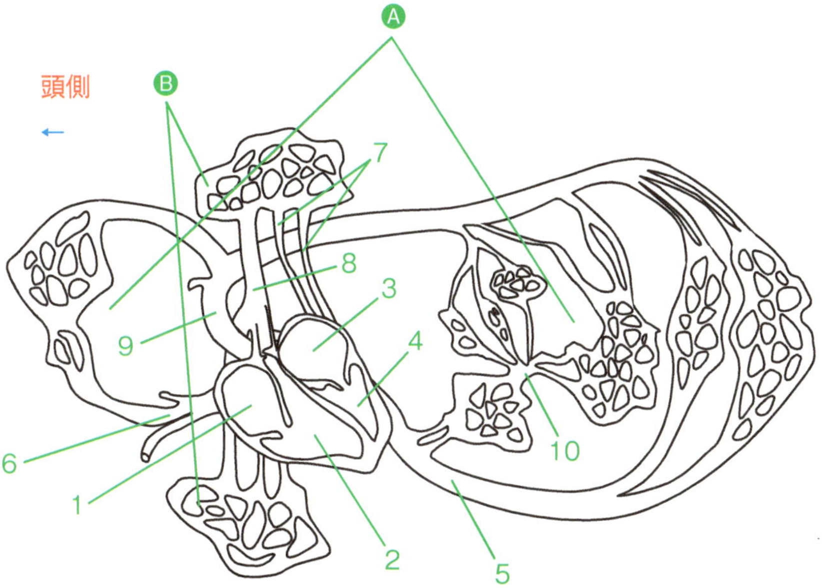


血液循環系（けつえきじゅんかんけい）

【解答】

1 右心房（うしんぼう）　2 右心室（うしんしつ）　3 左心房（さしんぼう）　4 左心室（さしんしつ）　5 後大静脈（こうだいじょうみゃく）　6 前大静脈（ぜんだいじょうみゃく）

7 肺静脈（はいじょうみゃく）　8 肺動脈（はいどうみゃく）　9 大動脈（だいどうみゃく）　10 肝門脈（かんもんみゃく）　Ⓐ 大循環（だいじゅんかん）　Ⓑ 小循環（しょうじゅんかん）

# Unit39 心臓

## 体腔と循環器系・呼吸器系

心臓は、腹側先端部を心尖、背側部を心底とよびます。ほとんどが心筋線維でつくられています。哺乳類では、心臓は左右の心房と心室の4室で構成され、外壁に心房と心室間に冠状溝、左右の心室間に円錐傍室間溝と洞下室間溝があります。また、左右の心房には憩室状の心耳をそなえています。大動脈は左心室から起こり、上行後アーチ型の大動脈弓を形づくっています。右心室からは肺動脈が起こり、肺を循環後、左心房に肺静脈として戻ります。また、右心房へは前大静脈と後大静脈が入ります。大動脈と肺動脈は、胎子期のバイパス血管である動脈管の遺残物の動脈管索で結ばれています。左心房と左心室の間には壁側尖と中隔尖からなる左房室弁（二尖弁あるいは僧帽弁）が、右心房と右心室の間には壁側尖、中隔尖、角尖からなる右房室弁（三尖弁）があります。また、大動脈基部には大動脈弁（左半月弁、右半月弁、中隔半月弁）が、肺動脈基部には肺動脈弁（左半月弁、右半月弁、中間半月弁）があります。房室弁は腱索によって乳頭筋に止められています。左右心房間の中隔には、胎子期の卵円孔の遺残である卵円窩が認められます。

**問題1** 図中1～16が示す部位名を下の空欄に記入しましょう。（答は右ページ下）

**問題2** それぞれの図において、三尖弁を赤く塗りましょう。また、右の図において、肺動脈弁を青く塗りましょう。（答は巻末）

1 [ 　 ] 2 [ 　 ] 3 [ 　 ]
4 [ 　 ] 5 [ 　 ] 6 [ 　 ]
7 [ 　 ] 8 [ 　 ] 9 [ 　 ]
10 [ 　 ] 11 [ 　 ] 12 [ 　 ]
13 [ 　 ] 14 [ 　 ] 15 [ 　 ]
16 [ 　 ]

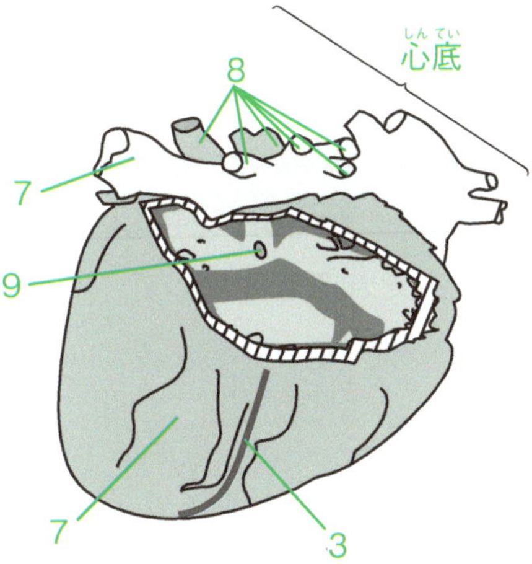


右心房（うしんぼう）の内景（右外側観）

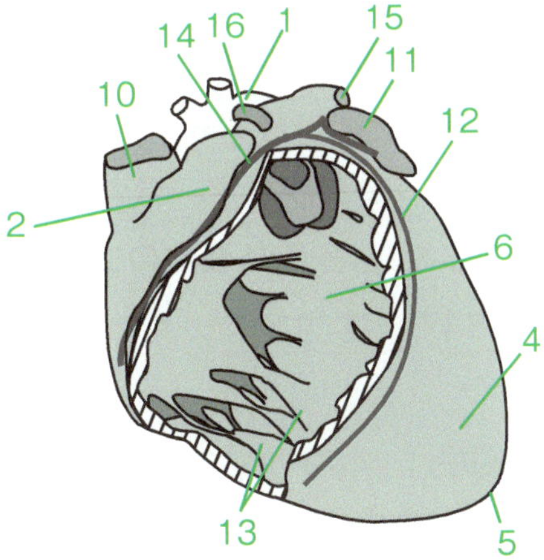


右心室（うしんしつ）の内景（左外側観）

【解答】

1 大動脈弓（だいどうみゃくきゅう） 2 右心耳（うしんじ）（右心房（うしんぼう）） 3 洞下室間溝（どうかしつかんこう） 4 左心室（さしんしつ） 5 心尖（しんせん） 6 右心室（うしんしつ）
7 後大静脈（こうだいじょうみゃく） 8 肺静脈（はいじょうみゃく） 9 卵円窩（らんえんか） 10 前大静脈（ぜんだいじょうみゃく） 11 左心耳（さしんじ）（左心房（さしんぼう））
12 円錐傍室間溝（えんすいぼうしつかんこう） 13 乳頭筋（にゅうとうきん） 14 冠状溝（かんじょうこう） 15 肺動脈（はいどうみゃく） 16 動脈管索（どうみゃくかんさく）

# Unit40 胸腔内の血管

## 体腔と循環器系・呼吸器系

胸腔内には、動脈系として心臓から出る大動脈の分岐動脈と心臓から肺に連絡する肺動脈、静脈系として心臓へ戻る前大静脈と後大静脈、肺から心臓へと連絡する肺静脈があります。大動脈は左心室から出たあと、上行大動脈を経て大動脈弓をつくります。イヌでは、大動脈弓から腕頭動脈と左鎖骨下動脈が分岐します。大動脈は大動脈弓を経て胸大動脈となり、複数の左右肋間動脈を分岐後、大動脈裂孔を通過し腹大動脈へと移行します。肺動脈は右心室から出たあと左右に分岐し、左右の肺へ向かいます。一方、前大静脈は左右腕頭静脈と連絡し、奇静脈などと合流したあと、右心房へつながります。後大静脈は大静脈孔から胸腔内に入り、右心房へ向かいます。また肺静脈は複数の血管が各肺葉からそれぞれ独立して左心房へ向かいます。

**問題1** 図中1～30が示す部位名を下の空欄に記入しましょう。（答は右ページ下）

**問題2** それぞれの図において、動脈を赤色、静脈を青色に塗りましょう。（答は巻末）

| | | |
|---|---|---|
| 1［　　　］（血管） | 2［　　　］（神経） | 3［　　　］（血管） |
| 4［　　　］（血管） | 5［　　　］（血管） | 6［　　　］（血管） |
| 7［　　　］（血管） | 8［　　　］（血管） | 9［　　　］（血管） |
| 10［　　　］（血管） | 11［　　　］（血管） | 12［　　　］（血管） |
| 13［　　　］（血管） | 14［　　　］（血管） | 15［　　　］（血管） |
| 16［　　　］（神経） | 17［　　　］（神経） | 18［　　　］（神経） |
| 19［　　　］（血管） | 20［　　　］（血管） | 21［　　　］（血管） |
| 22［　　　］（血管） | 23［　　　］（血管） | 24［　　　］（臓器） |
| 25［　　　］（臓器） | 26［　　　］（臓器） | 27［　　　］（臓器） |
| 28［　　　］（臓器） | 29［　　　］（孔） | 30［　　　］（孔） |

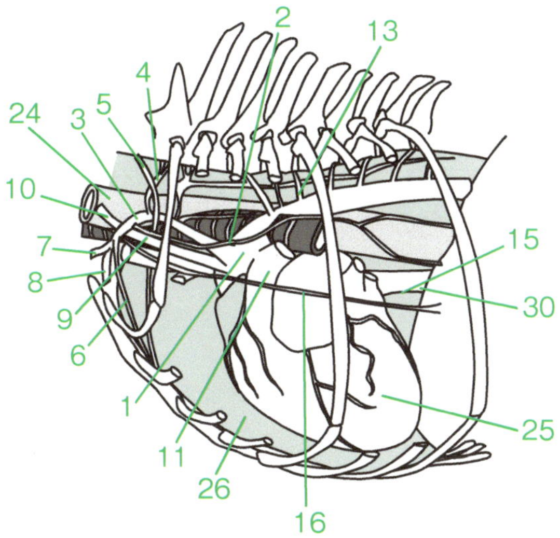


胸腔(きょうくう)の左側観(さそくかん)

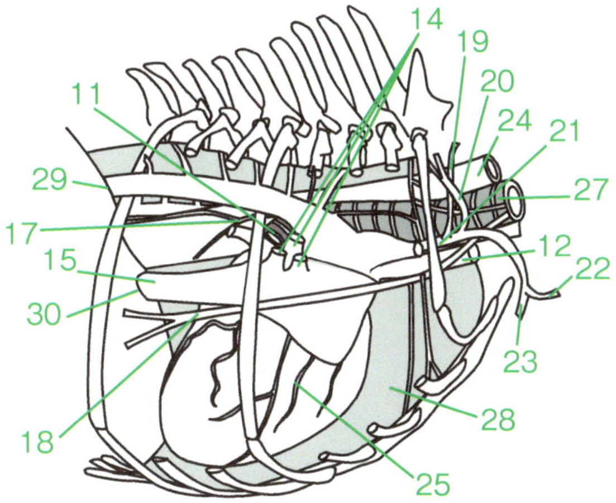


胸腔(きょうくう)の右側観(うそくかん)

【解答】

1 大動脈(だいどうみゃく)　2 左迷走神経(ひだりめいそうしんけい)　3 左鎖骨下動脈(ひだりさこつかどうみゃく)　4 左肋頚動脈(ひだりろっけいどうみゃく)　5 左椎骨動脈(ひだりついこつどうみゃく)
6 左内胸動脈(ひだりないきょうどうみゃく)　7 左浅頚動脈(ひだりせんけいどうみゃく)　8 左腋窩動脈(ひだりえきかどうみゃく)　9 腕頭動脈(わんとうどうみゃく)　10 左総頚動脈(ひだりそうけいどうみゃく)
11 肺動脈(はいどうみゃく)　12 前大静脈(ぜんだいじょうみゃく)　13 左肋間動脈(ひだりろっかんどうみゃく)　14 肺静脈(はいじょうみゃく)　15 後大静脈(こうだいじょうみゃく)
16 左横隔神経(ひだりおうかくしんけい)　17 右迷走神経(みぎめいそうしんけい)　18 右横隔神経(みぎおうかくしんけい)　19 右椎骨動脈(みぎついこつどうみゃく)
20 右肋頚動脈(みぎろっけいどうみゃく)　21 右鎖骨下動脈(みぎさこつかどうみゃく)　22 右浅頚動脈(みぎせんけいどうみゃく)　23 右腋窩動脈(みぎえきかどうみゃく)　24 食道(しょくどう)
25 心臓(しんぞう)　26 右肺(みぎはい)　27 気管(きかん)　28 左肺(ひだりはい)　29 大動脈裂孔(だいどうみゃくれっこう)　30 大静脈孔(だいじょうみゃくこう)

Unit41

# 腹腔内の血管

## 体腔と循環器系・呼吸器系

腹大動脈は胸大動脈が横隔膜の大動脈裂孔を通過後の腹腔動脈、前腸間膜動脈、左右腎動脈、左右精巣動脈（雄）あるいは左右卵巣動脈（雌）、後腸間膜動脈、左右外腸骨動脈、左右内腸骨動脈などを分岐します。腹腔動脈は、肝動脈、左胃動脈および脾動脈へと分かれ、肝動脈は固有肝動脈、右胃動脈および右胃大網動脈を分岐したあとに前膵十二指腸動脈へ吻合します。左胃静脈は右胃動脈と吻合しています。脾動脈は大部分が脾臓へと向かい、一部は左胃大網動脈となって右胃大網動脈と吻合します。さらに前腸間脈動脈から回結腸動脈や中結腸動脈などが分岐します。静脈系には、門脈系と後大静脈系があります。門脈は、前腸間膜静脈、後腸間膜静脈および脾静脈に吻合し、胃、小腸、膵臓、盲腸、結腸などからの静脈が門脈系をつくっています。一方、後大静脈へは、左右の精巣静脈、肝静脈が吻合しています。

**問題1** 図中1～27が示す血管の名称を下の空欄に記入しましょう。（答は右ページ下）

**問題2** 腹腔動脈の支配域を赤色、門脈へ流れ込む支配域を青色に塗りましょう。（答は巻末）

| | | |
|---|---|---|
| 1 [　　] | 2 [　　] | 3 [　　] |
| 4 [　　] | 5 [　　] | 6 [　　] |
| 7 [　　] | 8 [　　] | 9 [　　] |
| 10 [　　] | 11 [　　] | 12 [　　] |
| 13 [　　] | 14 [　　] | 15 [　　] |
| 16 [　　] | 17 [　　] | 18 [　　] |
| 19 [　　] | 20 [　　] | 21 [　　] |
| 22 [　　] | 23 [　　] | 24 [　　] |
| 25 [　　] | 26 [　　] | 27 [　　] |

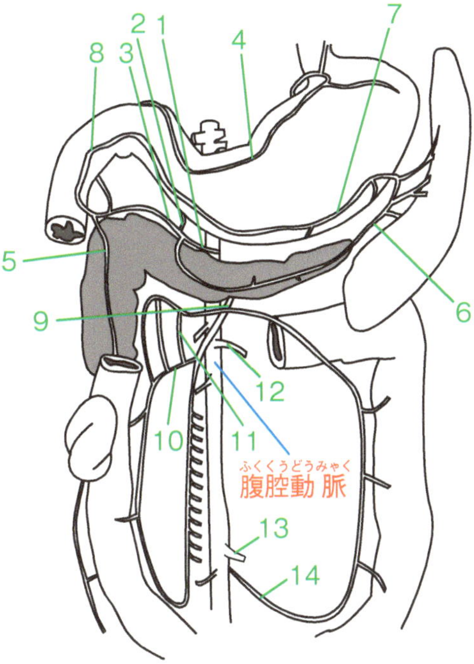


腹大動脈の分枝

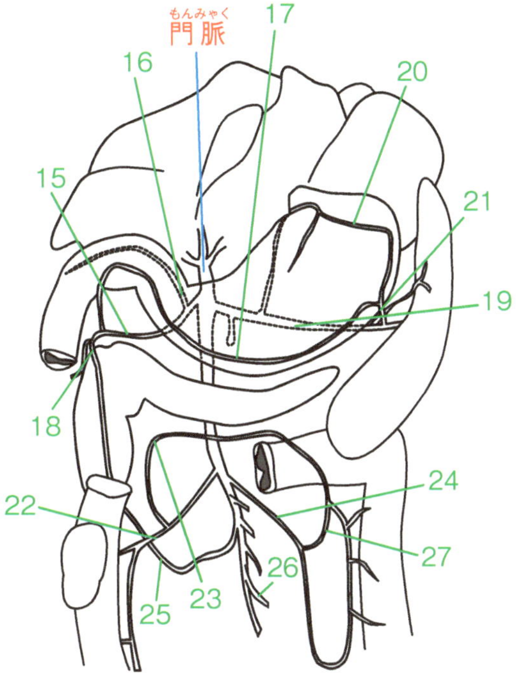


門脈の分枝

【解答】

1 腹腔動脈　2 左胃動脈　3 肝動脈　4 右胃動脈　5 前膵十二指腸動脈
6 脾動脈　7 左胃大網動脈　8 右胃大網動脈　9 前腸間膜動脈　10 回結腸動脈
11 中結腸動脈　12 左腎動脈　13 左卵巣動脈　14 後腸間膜動脈
15 胃十二指腸静脈　16 右胃静脈　17 右胃大網静脈
18 前膵十二指腸静脈　19 脾静脈　20 左胃静脈　21 左胃大網静脈
22 回結腸静脈　23 右結腸静脈　24 後腸間膜静脈
25 後膵十二指腸静脈　26 空腸静脈　27 中結腸静脈

Unit42

# 大動脈弓から分岐する血管

## 体腔と循環器系・呼吸器系

大動脈弓から分岐する左鎖骨下動脈と総頸動脈および両頸動脈のパターンはウシ、ウマ、ブタ、イヌなど動物種で異なっています。

イヌははじめに大動脈弓から腕頭動脈と左鎖骨下動脈が分岐し、両頸動脈を分岐せず左総頸動脈と右総頸動脈が独立して腕頭動脈から分岐しています。その後、右鎖骨下動脈を分岐しています。

ウシとウマは大動脈弓から腕頭動脈がはじめ１本だけ分岐し、その後、左鎖骨下動脈と両頸動脈を分岐した後に右鎖骨下動脈を分岐しています。加えて両頸動脈が左右総頸動脈に分岐しています。

ブタは大動脈弓から腕頭動脈と左鎖骨下動脈がはじめに分岐し、ついで腕頭動脈は両頸動脈を分岐したあとに右鎖骨下動脈を分岐しています。最後に両頸動脈から左右の総頸動脈を分岐しています。

**問題1** 大動脈弓から分岐する血管についてイヌ、ウシ、ウマ、ブタを比較しながら、1～7が示す部位名を下の空欄に記入しましょう。（答は右ページ下）

**問題2** それぞれの図において、左鎖骨下動脈を赤く塗りましょう。また、両頸動脈を青く塗りましょう。（答は巻末）

1 [　　　　　　　　　　　　]
2 [　　　　　　　　　　　　]
3 [　　　　　　　　　　　　]
4 [　　　　　　　　　　　　]
5 [　　　　　　　　　　　　]
6 [　　　　　　　　　　　　]
7 [　　　　　　　　　　　　]

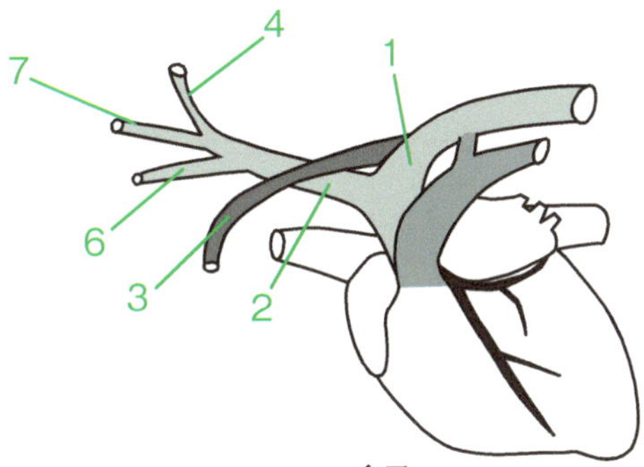


イヌ

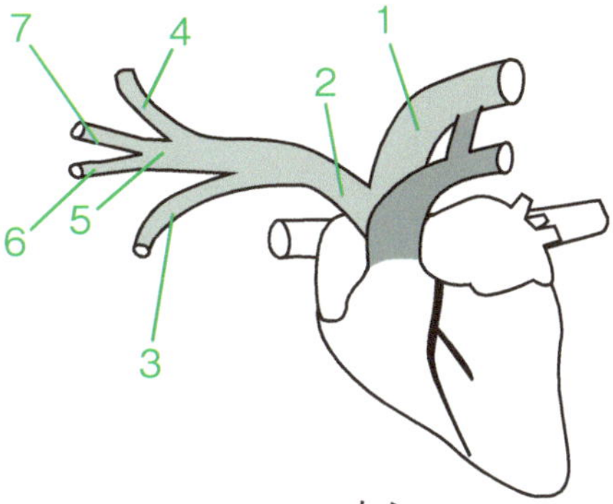


ウシ

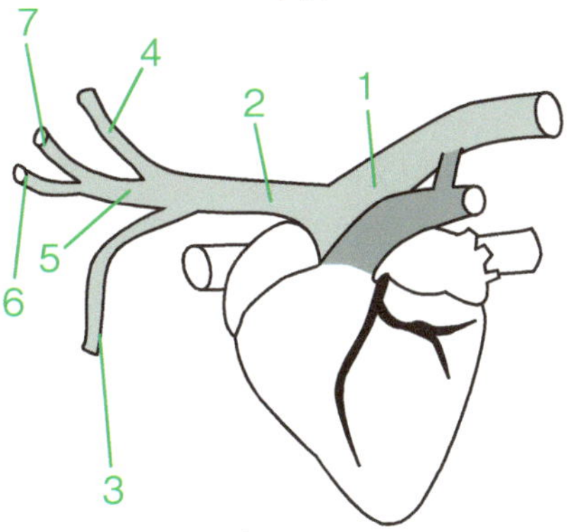


ウマ

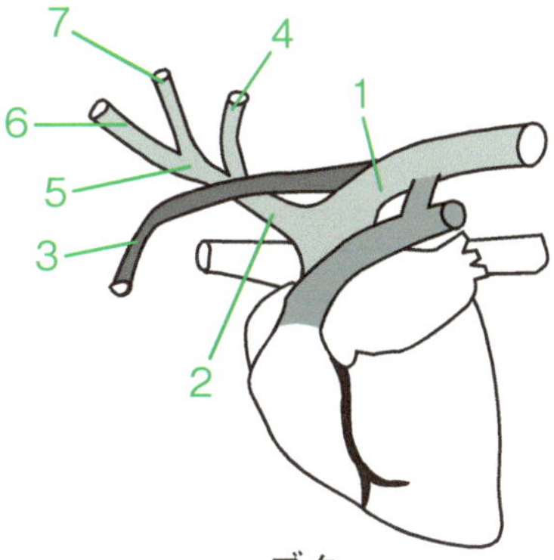


ブタ

【解答】

1 大動脈（だいどうみゃく） 2 腕頭動脈（わんとうどうみゃく） 3 左鎖骨下動脈（ひだりさこつかどうみゃく） 4 右鎖骨下動脈（みぎさこつかどうみゃく） 5 両頸動脈（りょうけいどうみゃく）
6 左総頸動脈（ひだりそうけいどうみゃく） 7 右総頸動脈（みぎそうけいどうみゃく）

Unit43

# 頭部と頸部の血管

## 体腔と循環器系・呼吸器系

頭頸部への循環は、おもに総頸動脈によって行われています。はじめ総頸動脈は前甲状腺動脈を分岐し、そのあと外頸動脈と内頸動脈へ分岐します（反芻動物を除く）。ついで外頸動脈は、後頭動脈、後耳介動脈を分岐し、最後に浅側頭動脈と顎動脈を分岐します。

頭部の静脈系は、顔面深静脈など顔面の静脈が合流し顔面静脈となり、舌静脈が合流して舌顔面静脈となります。一方、浅側頭静脈や翼突筋静脈など側頭部から後頭部の静脈は、合流して顎静脈となります。上頸部では舌顔面静脈と顎静脈が合流し、外頸静脈となり胸部へ下降しています。

**問題 1** 図中 1 ～ 10 が示す動脈の名称と、11 ～ 18 が示す静脈の名称を、下の空欄に記入しましょう。（答は右ページ下）

**問題 2** 脳へ血液を運ぶ動脈の経路は赤色、顔面部からの静脈血を顔面静脈へ集めている静脈の経路は青色に塗りましょう。（答は巻末）

| | |
|---|---|
| 1 [　　] | 2 [　　] |
| 3 [　　] | 4 [　　] |
| 5 [　　] | 6 [　　] |
| 7 [　　] | 8 [　　] |
| 9 [　　] | 10 [　　] |
| 11 [　　] | 12 [　　] |
| 13 [　　] | 14 [　　] |
| 15 [　　] | 16 [　　] |
| 17 [　　] | 18 [　　] |

頭部・頸部の動脈系

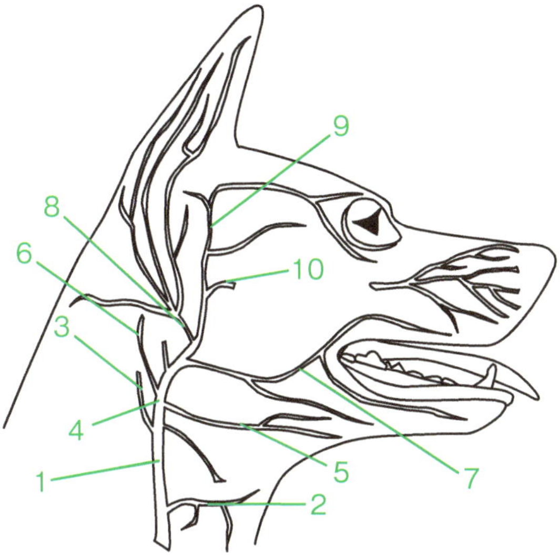


頭部・頸部の静脈系

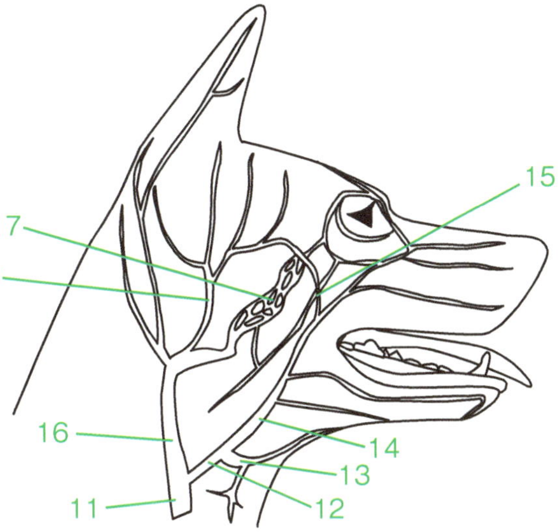


【解答】

1 総頸動脈　2 前甲状腺動脈　3 内頸動脈　4 外頸動脈　5 舌動脈　6 後頭動脈
7 顔面動脈　8 後耳介動脈　9 浅側頭動脈　10 顎動脈　11 外頸静脈
12 舌顔面静脈　13 舌静脈　14 顔面静脈　15 顔面深静脈　16 顎静脈
17 翼突筋静脈叢　18 浅側頭静脈

Unit44

# おもなリンパ節

## 体腔と循環器系・呼吸器系

特定の領域からのリンパを受ける単独のリンパ節あるいはリンパ節の集合したものをリンパ中心とよんでいます。このようなリンパ中心には体表近くにあるものとおもに臓器の門とよばれる血管などが出入する部位付近にあるものがあります。腹腔内のリンパは乳び槽に集められ、胸管を通って静脈系に戻ります。

**問題 1** 図中 1 ～ 17 が示す部位名を下の空欄に記入しましょう。（答は右ページ下）

**問題 2** 乳び槽を赤く塗りましょう。（答は巻末）

| | |
|---|---|
| 1 [　　　　] | 2 [　　　　] |
| 3 [　　　　] | 4 [　　　　] |
| 5 [　　　　] | 6 [　　　　] |
| 7 [　　　　] | 8 [　　　　] |
| 9 [　　　　] | 10 [　　　　] |
| 11 [　　　　] | 12 [　　　　] |
| 13 [　　　　] | 14 [　　　　] |
| 15 [　　　　] | 16 [　　　　] |
| 17 [　　　　] | |

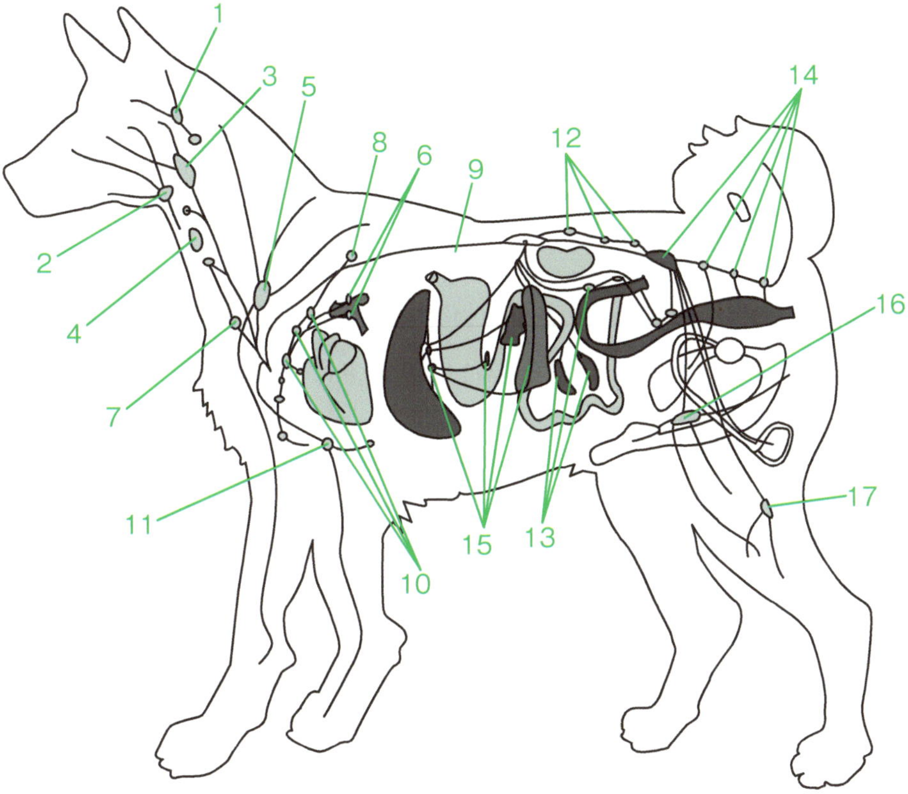


おもなリンパ節

【解答】

1 耳下腺リンパ中心　2 下顎リンパ中心　3 咽頭後リンパ中心　4 深頸リンパ中心
5 浅頸リンパ中心　6 気管（頸）リンパ本幹　7 右リンパ本幹
8 背側胸リンパ中心　9 胸管　10 縦隔リンパ中心　11 腋窩リンパ中心
12 腰リンパ中心　13 前腸間膜リンパ中心　14 腸仙骨リンパ中心
15 腹腔リンパ中心　16 浅鼠径リンパ中心　17 膝窩リンパ中心

Unit45

# 頭部と頸部の呼吸器

## 体腔と循環器系・呼吸器系

動物の呼吸は、顔面前面の外鼻口から外気を取り込み、胸部の肺で赤血球とガス交換を行っています。この空気が通過する経路を気道とよびます。この経路は1）外鼻口、2）鼻腔、3）鼻咽頭、4）喉頭、5）気管、6）気管支、7）肺胞から構成され、ガス交換は肺胞にある呼吸上皮と周囲の毛細血管によって行われています。

**問題1** 図中1～10が示す鼻腔および喉頭の部位名を下の空欄に記入しましょう。（答は右ページ下）

**問題2** 右ページ右の図において、嗅覚を持つ嗅上皮のある部位と、フェロモンを嗅ぎ分ける鋤鼻器のある部位に色を塗りましょう。（答は巻末）

1 [ ]（鼻腔の入り口）

2 [ ]（鼻腔内の空気の流れる通路）

3 [ ]（顔面骨の1つ）

4 [ ]（鼻腔周囲の空洞）

5 [ ]（鼻腔の後端部）

6 [ ]（耳管開口部）

7 [ ]（気道部入り口の弁）

8 [ ]（喉頭入り口の弁状構造部）

9 [ ]（発声器）

10 [ ]（8を受ける構造部）

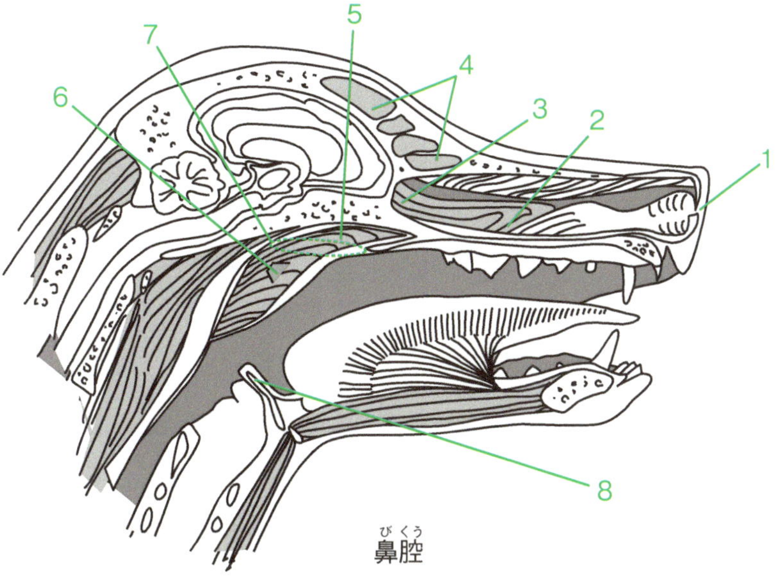


鼻腔（びくう）

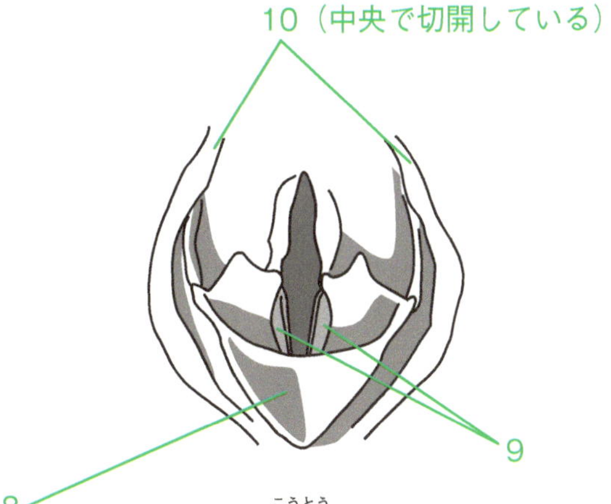


喉頭（こうとう）

【解答】

1 外鼻孔（がいびこう）　2 腹鼻道（ふくびどう）　3 中鼻甲介（ちゅうびこうかい）　4 副鼻腔（ふくびくう）　5 咽頭鼻部（いんとうびぶ）　6 耳管咽頭口（じかんいんとうこう）
7 後鼻口（こうびこう）　8 喉頭蓋（こうとうがい）　9 声帯ヒダ（せいたい）　10 小角突起（しょうかくとっき）

# Unit46 肺

## 体腔と循環器系・呼吸器系

肺の構造は動物種によって異なっています。

もっとも分葉構造が発達している動物はウシで、左肺（前葉、中葉、後葉）、右肺（前葉前部、前葉後部、中葉、後葉、副葉）の８葉です。イヌやネコは左肺（前葉、中葉、後葉）、右肺（前葉、中葉、後葉、副葉）の７葉に分葉しています。

また、ウシやブタでは、気管が左肺と右肺へ分岐し気管支を出す前に、気管から右肺の前葉に直接向かう気管の気管支がみられます。加えてウシやブタでは、小葉間結合組織が正常な状態でもよく発達しており、肉眼でも肺小葉を認めることができます。

**問題 1** 肺の模式図Ⓐ～Ⓓに対応する動物名を下の空欄に記入しましょう。（答は右ページ下）

**問題 2** 図中1～3が示す肺の各部位名を下の空欄に記入ましょう。（答は右ページ下）

Ⓐ［　　　　　　　　　　　　］

Ⓑ［　　　　　　　　　　　　］

Ⓒ［　　　　　　　　　　　　］

Ⓓ［　　　　　　　　　　　　］

1［　　　　　　　　　　　　］（独立した気管分岐部）

2［　　　　　　　　　　　　］（肺葉）

3［　　　　　　　　　　　　］（肺の先端）

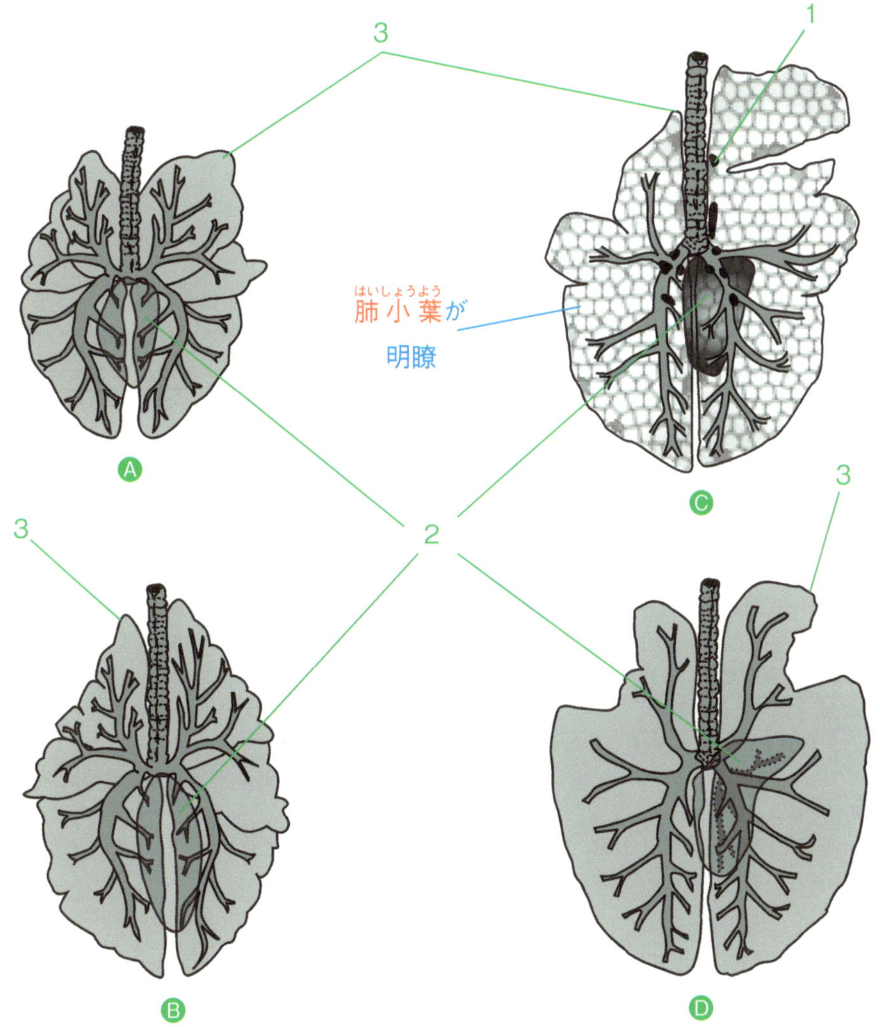


【解答】

A ネコ　B イヌ　C ウシ　D ウマ　1 気管の気管支　2 副葉　3 肺尖

# 体腔と循環器系・呼吸器系

## 力だめし問題（答は右ページ下）

**問 37**　正しい組み合わせを選びなさい。

a　腎臓は腹膜後隙に位置している。
b　壁側胸膜は肺と肋骨の表面をおおっている。
c　大網は胃の大彎からのびる膜で、腸の腹側をおおっている。
d　胸膜腔と心膜腔は連続している。
e　線維性心膜は心外膜とよばれる。

1 a、b　2 a、c　3 b、c　4 c、d　5 d、e

**問 38**　正しい組み合わせを選びなさい。

a　右心房に入る血液は十分に酸素を含んでいる。
b　左心室からは大循環（体循環）である肺動脈に血液を駆出する。
c　左心室と右心房を結ぶ血管が肺循環（小循環）である。
d　前大静脈と後大静脈からの血液はどちらも右心房に入る。
e　右心室と左心房を結ぶ血管が肺循環（小循環）である。

1 a、b　2 a、c　3 b、c　4 b、d　5 d、e

**問 39**　正しい組み合わせを選びなさい。

a　大動脈弁と肺動脈弁は半月弁である。
b　左右の房室弁と乳頭筋はそれぞれ腱索で結ばれている。
c　左房室弁は三尖弁である。
d　動脈管索は後大静脈と肺静脈を結ぶ位置にある。
e　円錐傍室間溝は心房と心室の境界にある溝である。

1 a、b　2 a、c　3 b、c　4 c、d　5 d、e

**問 40**　左側から観察できる胸腔の構造となる組み合せを選びなさい。

a　胸管
b　大静脈
c　大動脈
d　肺副葉
e　大静脈孔

1 a、b　2 a、c　3 b、c　4 b、d　5 d、e

**問 41**　後大静脈に流入する静脈の組み合わせを選びなさい。

a　脾静脈
b　前腸間膜静脈
c　左胃静脈
d　肝静脈
e　腎静脈

1 a、b　2 a、c　3 b、c　4 b、d　5 d、e

**問 42**　正しい組み合わせを選びなさい。

a　イヌは両頸動脈を欠く。
b　ウシの左鎖骨下動脈は大動脈弓から分岐する。
c　ブタの左鎖骨下動脈は大動脈弓から分岐する。
d　ウマの左鎖骨下動脈は大動脈弓から分岐する。
e　大動脈を出ると最初に分岐するのが左鎖骨下動脈である。

1 a、b　2 a、c　3 b、c　4 b、d　5 d、e

**問 43**　正しい組み合わせを選びなさい。

a　舌顔面静脈と顎静脈が合わさり内頸静脈になる。
b　眼窩下動脈は眼窩下孔を通過する。
c　内頸動脈は脳に分布する脳脊髄動脈につながる。
d　顔面動脈は下顎骨の顔面血管切痕を通過し顔面表層に向かう。
e　舌顔面静脈と舌静脈が合わさり顔面静脈になる。

1 a、b　2 a、c　3 b、c　4 b、d　5 d、e

**問 44**　正しい組み合わせを選びなさい。

a　胸管は内臓、後肢のほか、右側の前肢や頭頸部のリンパを集める。
b　腸骨下リンパ節はウシやウマで欠く。
c　胸管は横隔膜の食道裂孔を通過する。
d　右リンパ本幹は右前肢、右頭頸部および右胸郭のリンパを集める。
e　乳ビ槽には腸リンパ本幹、腰リンパ本幹、腹腔リンパ本幹が集まる。

1 a、b　2 a、c　3 b、c　4 b、d　5 d、e

**問 45**　気管(きかん)の気管支(きかんし)をもつ動物を選びなさい。

1 ウシ
2 ウマ
3 ブタ
4 イヌ
5 ネコ

**問 46**　もっとも肺葉(はいよう)の分葉(ぶんよう)が少ない動物を選びなさい。

1 ウシ
2 ウマ
3 ブタ
4 イヌ
5 ヒツジ

【解答】

問 37　2　問 38　5　問 39　1　問 40　2　問 41　5　問 42　2　問 43　4　問 44　5
問 45　1、3　問 46　2

# Unit47 腎臓・尿管・膀胱・尿道のおもな構造

## 尿生殖器系

泌尿器は腎臓、尿管、膀胱、尿道から構成され、尿は腎臓で生成されたあと一時的に膀胱に貯留されます。尿管は腎盤と膀胱をつなぎ、尿は膀胱を経て尿道から体外へ排出されます。腎臓のほかの働きとして輸入細動脈壁の細胞から循環血液量と血圧を調節するレニンが分泌されます。また間質細胞から赤血球産生を亢進するエリスロポイエチンが分泌されています。

左右一対の腎臓は、通常、背側の腰下部の筋に接して付着し、右腎は肝臓に接しています。外形は、イヌなどでは一般に豆形の単葉腎（単腎）です。ウシは多葉腎（分葉腎）で、各腎葉が表層と深部では分離しているが、中央部では癒合するため、みかけ上の多葉腎（分葉腎）とよばれています。ブタの腎臓は表面が平滑ですが内部が腎葉に分かれています。

**問題 1** 図中 1 ～ 6 が示す泌尿器の部位名を下の空欄に記入しましょう。（答は右ページ下）

1 [　　　　　　　　　　] （入る血管）

2 [　　　　　　　　　　] （出る血管）

3 [　　　　　　　　　　] （尿を運ぶ管）

4 [　　　　　　　　　　] （尿を溜める袋）

5 [　　　　　　　　　　] （尿を運ぶ管）

6 [　　　　　　　　　　] （1、2、3 が出入りする内側のくぼみ）

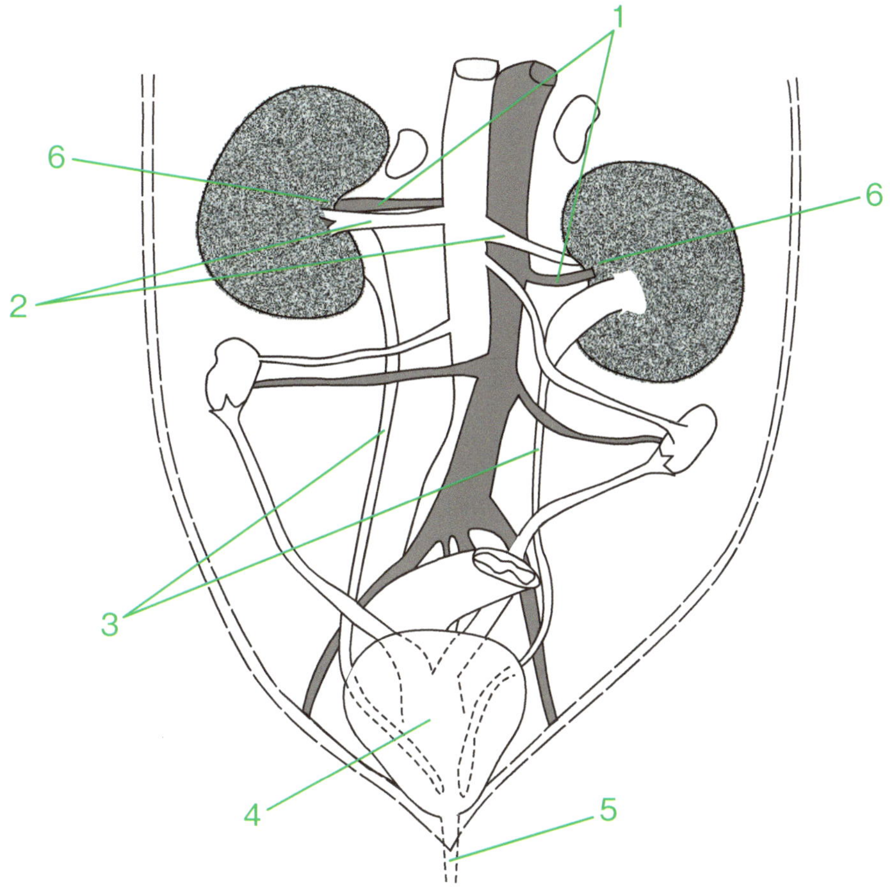


雌イヌの泌尿生殖器（腹側）

【解答】

1 腎動脈　2 腎静脈　3 尿管　4 膀胱　5 尿道　6 腎門

# Unit48 腎臓

## 尿生殖器系

腎臓の内側面の構造は、中央にくぼんだ腎門があり、腎動脈と腎静脈、尿管が出入りしています。イヌは腎葉先端の腎乳頭が癒合し腎稜が明瞭です。腎乳頭に向かって集合管が集まった乳頭管が腎盤に開口し、尿管につながっています。ウシでは腎乳頭は小腎杯を受け、小腎杯が合わさり尿管へ移行しています。腎臓は、割面から表層の皮質と深層の髄質が区別でき、髄質はさらに外帯と内帯に分かれています。皮質には血液をろ過して原尿をつくる腎小体が存在します。腎動脈は腎臓内に入ると葉間動脈に分枝して皮質へ向かい、皮質と髄質の境界部に弓状動脈をつくります。弓状動脈からは皮質に向かって小葉間動脈が分岐し、さらに糸球体へ向かう輸入細動脈が出ています。

（注）ウシやヒツジなど反芻類家畜の左腎は遊走性に富み定着性がないため、遊走腎とよばれます。

**問題 1** 図中 1 ～ 10 が示す腎臓の部位名を下の空欄に記入しましょう。(答は右ページ下)

**問題 2** 右ページ左の図において、腎稜に色を塗りましょう。(答は巻末)

| | |
|---|---|
| 1 [　　　　] (入る血管) | 2 [　　　　] (出る血管) |
| 3 [　　　　] (尿を運ぶ管) | 4 [　　　　] (断面の表面に近い部位) |
| 5 [　　　　] (断面の内側の部位) | 6 [　　　　] (5 の内側部) |
| 7 [　　　　] (5 の外側部) | 8 [　　　　] (1、2、3 が出入りする内側のくぼみ) |
| 9 [　　　　] (尿が集まる部分) | 10 [　　　　] (小片状の塊) |

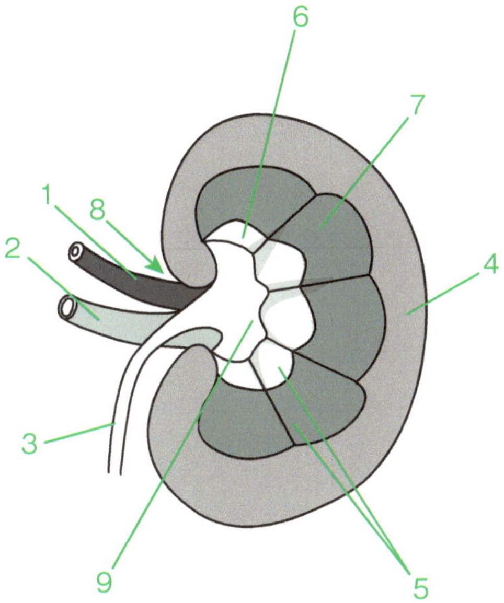


イヌの腎臓（矢状断面）

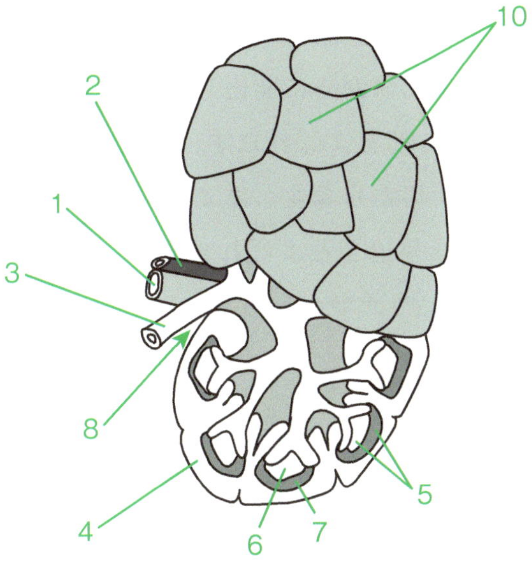


ウシの腎臓

【解答】

1 腎動脈　2 腎静脈　3 尿管　4 皮質　5 髄質　6 内帯　7 外帯　8 腎門
9 腎盤　10 腎葉

Unit49

# 雌性生殖器系①

## 尿生殖器系

雌性生殖器は卵巣、生殖管は卵管と子宮と膣、外部生殖器は膣前庭、陰核と陰唇からなります。卵巣は成熟卵を排卵し、卵胞ホルモンや黄体ホルモンを分泌します。排卵された卵子は卵管に入り、卵管膨大部で受精します。受精卵は子宮へ運ばれ、着床して胎盤が形成されます。子宮は直腸と膀胱の間に位置しています。

卵巣と卵管は左右一対あり、イヌなどでは卵巣は卵巣嚢に収まっており、卵巣表面には卵胞や黄体が外に突出しています。卵管は近位部から順に卵管漏斗部、卵管膨大部、卵管峡部とよばれます。子宮は近位から順に子宮角、子宮体、子宮頸とよばれ、中腎傍管から発生します。左右の子宮角の遠位部が合わさって子宮体を形成したものは双角子宮とよばれますが、多くの家畜で双角子宮の子宮体の内腔を分ける子宮帆という隔壁がみられ、この場合両分子宮とよぶことがあります。ウマでは子宮帆をもたない双角子宮とよばれます。子宮角の癒合が進み卵管が直接子宮体に開口するものは単一子宮とよばれています。子宮体は子宮頸を経て膣につながり、さらに膣前庭を介して外陰部へ向かいます。子宮頸の内腔は狭く管状であるため子宮頸管とよばれます。

**問題1** 図中1～13が示す部位名を下の空欄に記入しましょう。（答は右ページ下）

**問題2** 右ページ下の図において、子宮角に色を塗りましょう。（答は巻末）

| | |
|---|---|
| 1 [　　　　] （卵を形成する器官） | 2 [　　　　] （卵巣と子宮角を結ぶ管） |
| 3 [　　　　] （子宮体の内腔を分ける壁） | 4 [　　　　] （交尾器） |
| 5 [　　　　] （交尾器の入り口） | 6 [　　　　] （吊っている膜） |
| 7 [　　　　] （尿道の開口部） | 8 [　　　　] （突起物） |
| 9 [　　　　] （子宮の遠位部） | 10 [　　　　] （卵管の卵巣側の開口部） |
| 11 [　　　　] （動脈） | 12 [　　　　] （動脈） |
| 13 [　　　　] （子宮角と子宮頸の間） | |

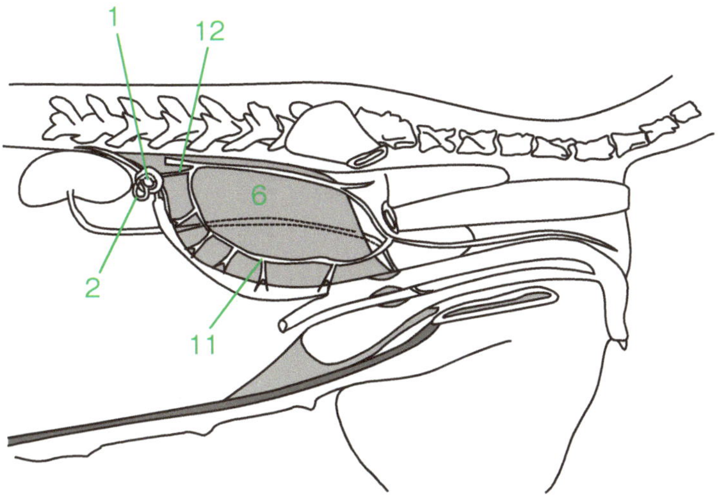


雌イヌの泌尿生殖器（ひにょうせいしょくき）

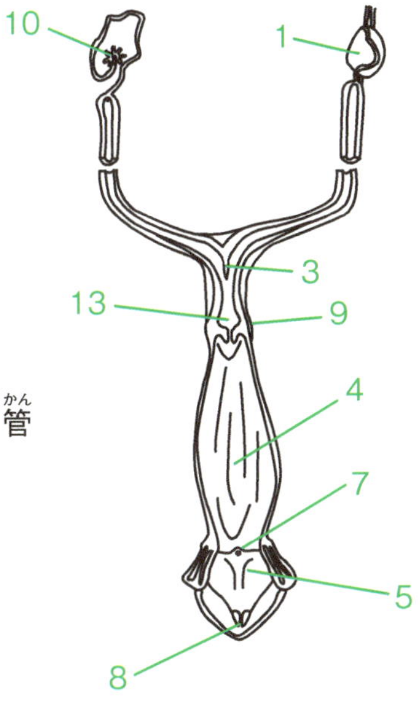


雌イヌの生殖腺（せいしょくせん）と生殖管（せいしょくかん）

【解答】

1 卵巣（らんそう）　2 卵管（らんかん）　3 子宮帆（しきゅうはん）　4 膣（ちつ）　5 膣前庭（ちつぜんてい）　6 子宮（しきゅう）（広（こう））間膜（かんまく）　7 外尿道口（がいにょうどうこう）

8 陰核（いんかく）　9 子宮頸（しきゅうけい）　10 卵管漏斗部（らんかんろうとぶ）　11 子宮動脈（しきゅうどうみゃく）　12 卵巣動脈（らんそうどうみゃく）　13 子宮体（しきゅうたい）

# Unit50 雌性生殖器系②

## 尿生殖器系

卵巣、卵管、子宮は卵巣間膜、卵管間膜、子宮間膜からなる腹膜ヒダをまとめた子宮（広）間膜により保定されます。卵巣間膜前縁は卵巣提索によって卵巣を保定し、子宮（広）間膜は卵巣・卵管・子宮を保定します。卵巣動脈と卵巣静脈は腹大動脈と後大静脈から分枝して卵巣間膜を走行します。子宮間膜には子宮動脈・静脈・神経などが走行します。イヌの場合、卵巣動脈から分岐する子宮枝と内腸骨動脈に続く子宮動脈は吻合します。同様に卵巣静脈の子宮枝と子宮静脈も吻合し子宮間膜を走行しています。

**問題1** 図中1～11が示す部位名を下の空欄に記入しましょう。（答は右ページ下）

1［　　　　　　　　］（卵を形成する器官）
2［　　　　　　　　］（卵巣と子宮角を結ぶ管）
3［　　　　　　　　］（交尾器）
4［　　　　　　　　］（子宮の遠位部）
5［　　　　　　　　］（卵管の卵巣側の開口部）
6［　　　　　　　　］（動脈）
7［　　　　　　　　］（動脈）
8［　　　　　　　　］（子宮角と子宮頸の間）
9［　　　　　　　　］（7の動脈枝）
10［　　　　　　　　］（吊っている膜）
11［　　　　　　　　］（子宮頸の内腔）

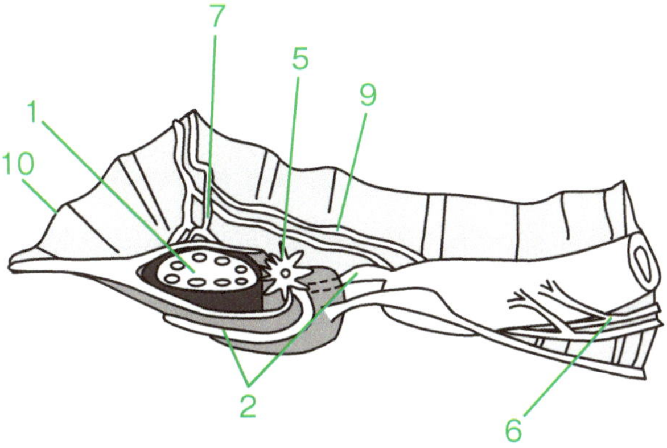


イヌの卵巣、卵管と子宮角

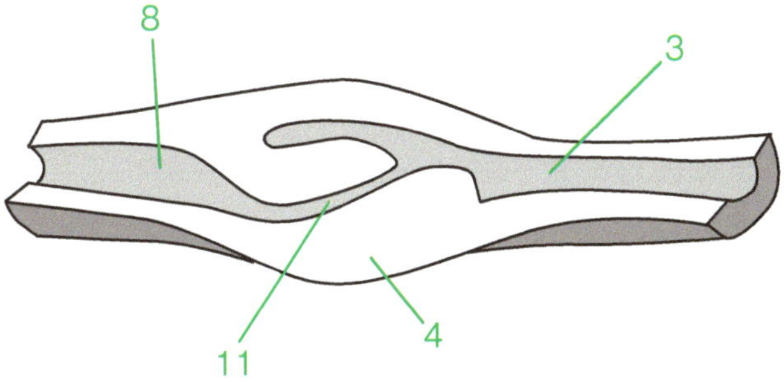


子宮体、子宮頸部と腟

【解答】

1 卵巣　2 卵管　3 腟　4 子宮頸　5 卵管漏斗部　6 子宮動脈　7 卵巣動脈
8 子宮体　9 子宮枝　10 卵巣間膜　11 子宮頸管

Unit51

# 雄性生殖器系
# 尿生殖器系

雄の生殖器系は生殖腺（精巣）、副生殖腺（精囊線、前立腺、尿道球腺）、生殖道（精巣上体、精管、尿道）および外生殖器（陰茎、陰囊）に分けられます。

陰囊内で精巣鞘膜が精巣全体を包んでいます。精巣は硬い精巣白膜が密着しており、それに続く精巣中隔が精巣内を小葉に分けています。精子は小葉内の曲精細管でつくられ、続く直精細管を通って精巣網に運ばれ、精巣輸出管を介し精巣上体管に運ばれます。精巣上体は頭、体、尾からなり、精子に運動能、受精能を与え、射精前の成熟精子を一時貯留しています。射精時に成熟精子は精管により膀胱近くまで運ばれ、射精口から尿道へ放出されます。射精口付近には精漿を分泌する副生殖腺の１つである前立腺があり、精液の多くをつくります。また、射精口の近くには精管膨大部があります。イヌでは副生殖腺は前立腺しかありません。

陰茎は、勃起時に血液が充満する陰茎海綿体を持っています。また、尿道周囲に尿道海綿体があり、勃起時に尿道がつぶれないようになっています。陰茎の先端部には亀頭海綿体からなる亀頭球や、亀頭長部がついています。射精後に血液が抜け去り、陰茎後引筋によって亀頭部は包皮に納められます。

**問題1** 図中１～16が示す部位名を下の空欄に入れましょう。（答えは右ページ下）

**問題2** 右ページ右の図において、精巣上体に色を塗りましょう。（答えは巻末）

1 [　　　　　　] （陰囊内の精巣を包む膜）
2 [　　　　　　] （精巣を直接包む硬い膜）
3 [　　　　　　] （小葉に分ける構造）
4 [　　　　　　] （精子をつくる小葉内の細管）
5 [　　　　　　] （網目状の精子の通路）
6 [　　　　　　] （精巣外をつなぐ管）
7 [　　　　　　] （迂曲した管）
8 [　　　　　　] （成熟精子を貯留する部位）
9 [　　　　　　] （成熟精子を運ぶ管）
10 [　　　　　　] （尿と精子の通路）
11 [　　　　　　] （副生殖腺のひとつ）
12 [　　　　　　] （陰茎の主要部分）
13 [　　　　　　] （尿道周囲の海綿組織）
14 [　　　　　　] （陰茎を包皮へ引き込む筋肉）
15 [　　　　　　] （亀頭先端部の球状構造物）
16 [　　　　　　] （亀頭先端部の長い部分）

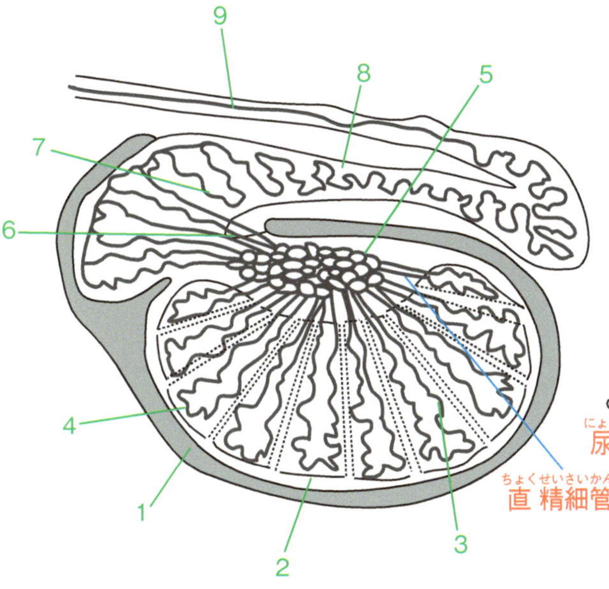


矢状断面

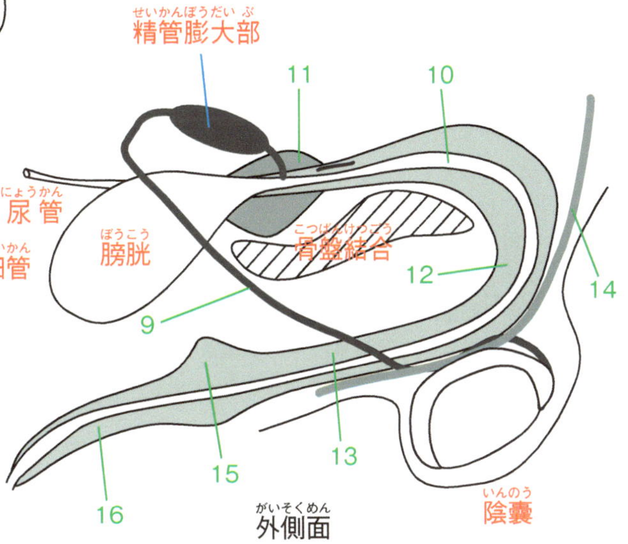


外側面

【解答】

1 精巣鞘膜　2 精巣白膜　3 精巣中隔　4 曲精細管　5 精巣網　6 精巣輸出管
7 精巣上体管　8 精巣上体（頭、体、尾）　9 精管　10 尿道　11 前立腺
12 陰茎海綿体　13 尿道海綿体　14 陰茎後引筋　15 亀頭球　16 亀頭長部

# 泌尿器系・生殖器系

## 力だめし問題（答は右ページ下）

**問 47**　見かけ上の多葉腎を持つ動物を選びなさい。

1　ウマ
2　ウシ
3　ブタ
4　イヌ
5　ネコ

**問 48**　腎小体をみつけられる部位を選びなさい。

1　腎門
2　皮質
3　髄質外帯
4　髄質内帯
5　腎盤

**問 49**　受精の場はどこか選びなさい。

1　卵管
2　子宮角
3　子宮体
4　子宮頸
5　膣前庭

**問 50**　イヌの記述として間違っているものを選びなさい。

1　卵巣動脈は腹大動脈から分枝する。
2　子宮動脈は内腸骨動脈につづく。
3　卵巣動脈から子宮枝が分枝する。
4　卵巣動脈の子宮枝は内腸骨動脈と吻合する。
5　子宮動脈は子宮間膜を走行する。

**問 51**　正しいものを選びなさい。

1　イヌは尿道球腺を欠く。
2　ウマは曲精細管を欠く。
3　ウシは精管を欠く。
4　ブタは陰嚢を欠く。
5　ネコは前立腺を欠く。

【解答】

問 47　2　　問 48　2　　問 49　1　　問 50　4　　問 51　1

# Unit52 脳のおもな構造

## 神経系・内分泌系

中枢神経系は脳と脊髄から構成されています。脳は前方から後方に向かって終脳、間脳、中脳、橋、延髄に区分され、橋の背側に小脳が位置しています。

**問題 1** 図中 1 ～ 16 が示す部位名を下の空欄に記入しましょう。（答は右ページ下）

**問題 2** 右ページ下の図において、下垂体に色を塗りましょう。（答は巻末）

1 [ ]（大脳皮質にみられる溝）

2 [ ]（大脳皮質にみられる溝と溝の間の隆起した部分）

3 [ ]（正中部の深い溝）

4 [ ]（大脳の半分）

5 [ ]（小脳の正中部）

6 [ ]（脳の最前端）

7 [ ]（左右の大脳半球を結ぶ線維束）

8 [ ]（大脳皮質へ上行する感覚情報の中継部位）

9 [ ]（メラトニンを分泌する内分泌器官）

10 [ ]（主として運動のコントロールを行う脳の一部）

11 [ ]（脳梁前部の腹側に位置する終脳の一部）

12 [ ]（眼から視覚情報を脳に送る経路の一部）

13 [ ]（左右の眼から送られる視覚情報の大部分が交叉する部分）

14 [ ]（自律神経系の最高中枢）

15 [ ]（大脳皮質からの入力を受け小脳へ線維を送る部位）

16 [ ]（脳の最尾側部）

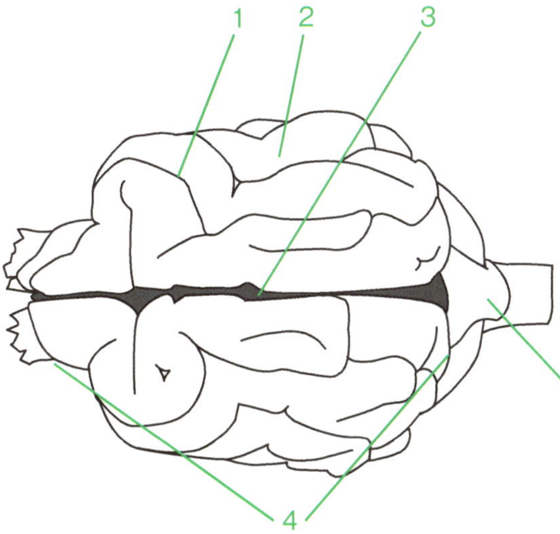


脳の背側面

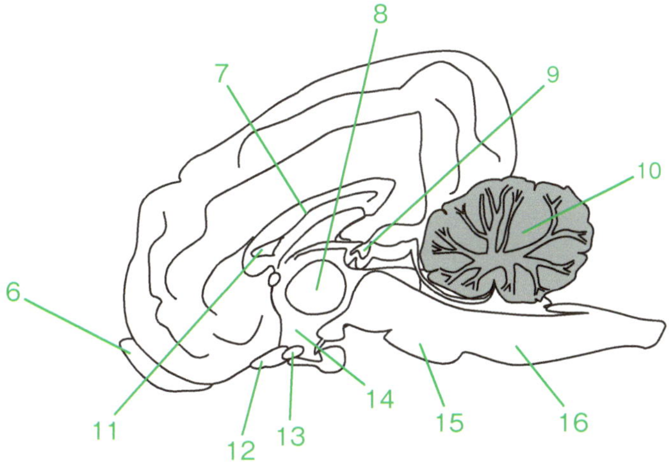


脳の断面

【解答】

1 脳溝　2 脳回　3 大脳縦裂　4 大脳半球　5 虫部　6 嗅球　7 脳梁
8 (背側) 視床　9 松果体　10 小脳　11 (透明) 中隔　12 視神経　13 視交叉
14 視床下部　15 橋　16 延髄

# Unit53 脳神経

## 神経系・内分泌系

脳神経は脳から直接発する末梢神経で12対存在し、それぞれが、運動性、感覚性、自律神経系の成分をさまざまな割合で含んでいます。

**問題 1** 図中 1 ～ 11 が示す脳神経の部位名を下の空欄に記入しましょう。（答は右ページ下）

**問題 2** 嗅球に色を塗りましょう。（答は巻末）

1 [　　　　　　　　　　] （眼球に連結）

2 [　　　　　　　　　　] （眼筋の大部分を支配）

3 [　　　　　　　　　　] （眼筋の一部を支配）

4 [　　　　　　　　　　] （顔面の感覚を脳に伝えるとともに咀嚼筋を支配）

5 [　　　　　　　　　　] （眼筋の一部を支配）

6 [　　　　　　　　　　] （主として表情筋を支配）

7 [　　　　　　　　　　] （聴覚と平衡感覚を脳に伝送）

8 [　　　　　　　　　　] （主として咽頭の感覚と味覚の一部を脳に伝え咽頭筋を支配）

9 [　　　　　　　　　　] （胸腹部内臓の大部分を支配）

10 [　　　　　　　　　　] （頸部および背部の一部の筋を支配）

11 [　　　　　　　　　　] （主として舌の筋を支配）

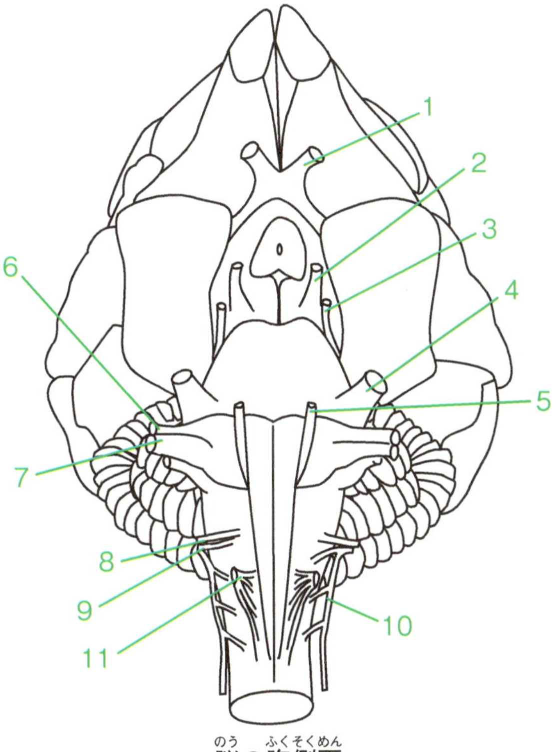

脳の腹側面

【解答】

1 視神経　2 動眼神経　3 滑車神経　4 三叉神経　5 外転神経　6 顔面神経
7 内耳神経　8 舌咽神経　9 迷走神経　10 副神経　11 舌下神経

# Unit54 脊髄と脊髄神経

## 神経系・内分泌系

脊髄は延髄に連続し、最後位の腰椎あるいは仙骨のレベルまで達する中枢神経系の一部です。脊髄からは脊髄神経が出ています。

**問題 1** 図中 1 ～ 10 が示す部位名を下の空欄に記入しましょう。（答は右ページ下）

**問題 2** 右ページ左の図において、脊髄の灰白質に色を塗りましょう。（答は巻末）

1 [　　　　　　　　　　　　] （頸髄後部から胸髄前部にかけての太くなった部分）

2 [　　　　　　　　　　　　] （胸髄から発する脊髄神経）

3 [　　　　　　　　　　　　] （腰髄後部から仙髄前部にかけての太くなった部分）

4 [　　　　　　　　　　　　] （仙骨から尾椎にかけて脊髄神経が後走する部分）

5 [　　　　　　　　　　　　] （髄膜の一種で脊髄を保護する非常に硬い膜）

6 [　　　　　　　　　　　　] （豊富な脂肪組織を含む腔所）

7 [　　　　　　　　　　　　] （脊髄へ侵入する神経線維束）

8 [　　　　　　　　　　　　] （脊髄へ侵入する神経線維の神経細胞体が存在する部分）

9 [　　　　　　　　　　　　] （前後方向に走行する自律神経系の線維束と神経節が存在する部分）

10 [　　　　　　　　　　　　] （脊髄から発する神経線維束）

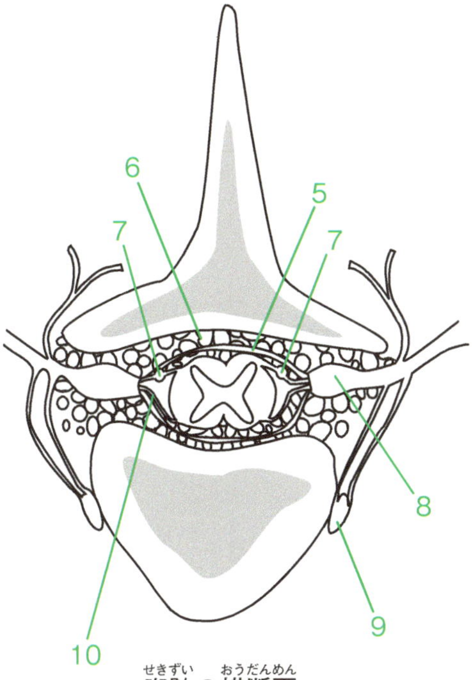


脊髄の横断面

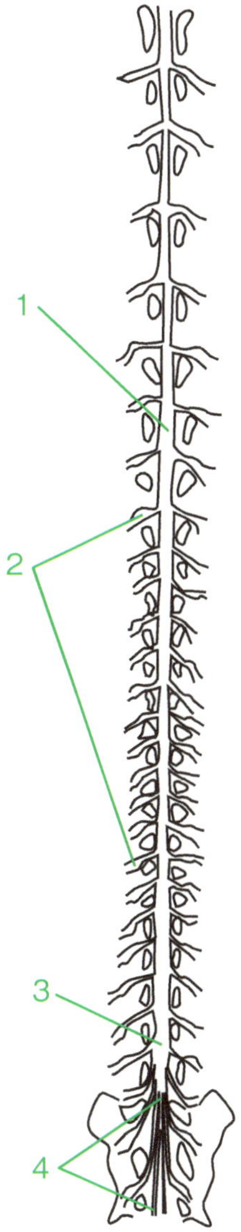


脊髄の背面

【解答】

1 頸膨大　2 胸神経　3 腰膨大　4 馬尾　5（脊髄）硬膜　6 硬膜上腔　7 背根
8 脊髄神経節　9 交感神経幹　10 腹根

# Unit55 自律神経系

## 神経系・内分泌系

自律神経系は交感神経と副交感神経からなり、それらの起始ニューロンは脳幹あるいは脊髄に存在し節前線維を出しています。節前線維は自律神経節で節後ニューロンにシナプスをつくり、節後ニューロンの軸索すなわち節後線維が標的器官に達しています。

**問題 1** 図中 1 ～ 7 が示す部位名を下の空欄に記入しましょう。（答は右ページ下）

**問題 2** 交感神経の節前ニューロンが存在する部位に色を塗りましょう。（答は巻末）

1 [　　　　　　　　] （脳幹および仙髄に存在する自律神経系の起始神経核）

2 [　　　　　　　　] （頸部交感神経幹の前端に位置する神経節）

3 [　　　　　　　　] （胸腹部内臓の大部分を支配する副交感性の脳神経）

4 [　　　　　　　　] （頸部脊柱管内に分布する交感神経）

5 [　　　　　　　　] （胸腰部に存在する一連の交感性神経節）

6 [　　　　　　　　] （動脈根周囲に存在し内臓へ分布する節後線維を発する交感性神経節）

7 [　　　　　　　　] （仙髄に起始し骨盤臓器へ向かう副交感性の神経）

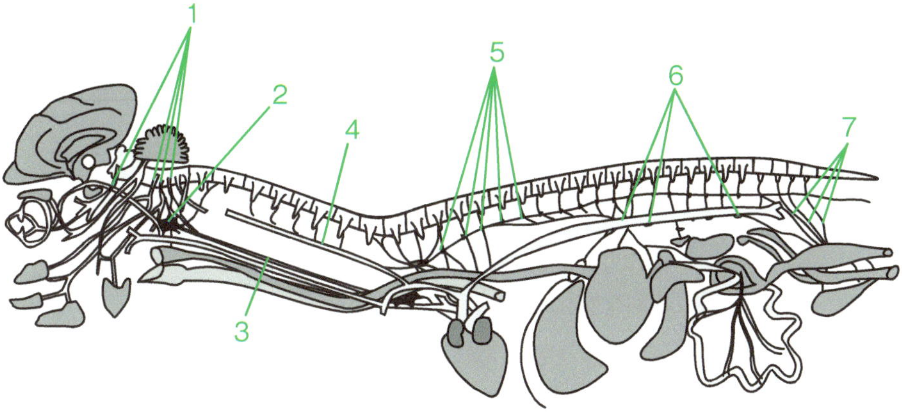


自律神経分布の模式図

【解答】

1 副交感神経核　2 前頸神経節　3 迷走神経　4 椎骨動脈神経
5（交感神経）幹神経節　6 内臓神経節　7 骨盤神経

# Unit56 おもな内分泌器官

## 神経系・内分泌系

内分泌器（腺）はホルモンを産生し分泌する器官で、導管を持っていません。ホルモンは毛細血管に取り込まれ、血液によって標的器官に運ばれて特定の細胞に特異的に働いています。独立した内分泌器（腺）は、下垂体、松果体、甲状腺、上皮小体、副腎などがあります。一方、内分泌細胞が一般の組織中に混在している器官として胃、小腸、膵臓、精巣、卵巣、胎盤、心臓、視床下部ニューロンのような中枢神経などもあります。

下垂体は間脳の視床下部の腹側に位置し、蝶形骨下垂体窩に収まっています。下垂体は間脳由来の神経性下垂体と口窩上皮由来の腺性下垂体から構成されています。松果体は間脳後壁で中脳蓋前丘の前位に位置しています。甲状腺は気管の腹外側面に位置し、腺体としての左葉と右葉を線維性峡部が連結しています。さらに甲状腺の表面に上皮小体が付着しています。中胚葉由来の皮質と神経堤由来の髄質の２層構造からなる副腎は腎臓の前内側に一対存在します。膵臓は外分泌である腺組織の中に内分泌部である膵島（ランゲルハンス島）が混在しています。生殖腺でもある精巣と卵巣、妊娠期に胎膜に形成される胎盤もまた内分泌機能を持っています。

**問題 1** 図中 1 ～ 12 が示す部位名を下の空欄に記入しましょう。（答は右ページ下）

**問題 2** 副腎に色を塗りましょう。（答は巻末）

| | |
|---|---|
| 1 [　　　　] （間脳の後壁） | 2 [　　　　] （間脳の腹側部） |
| 3 [　　　　] （2 の腹側） | 4 [　　　　] （器官） |
| 5 [　　　　] （4 の表面の器官） | 6 [　　　　] （消化器） |
| 7 [　　　　] （消化管） | 8 [　　　　] （器官） |
| 9 [　　　　] （雌性生殖腺） | 10 [　　　　] （雄性生殖腺） |
| 11 [　　　　] （胎膜の一部） | 12 [　　　　] （器官） |

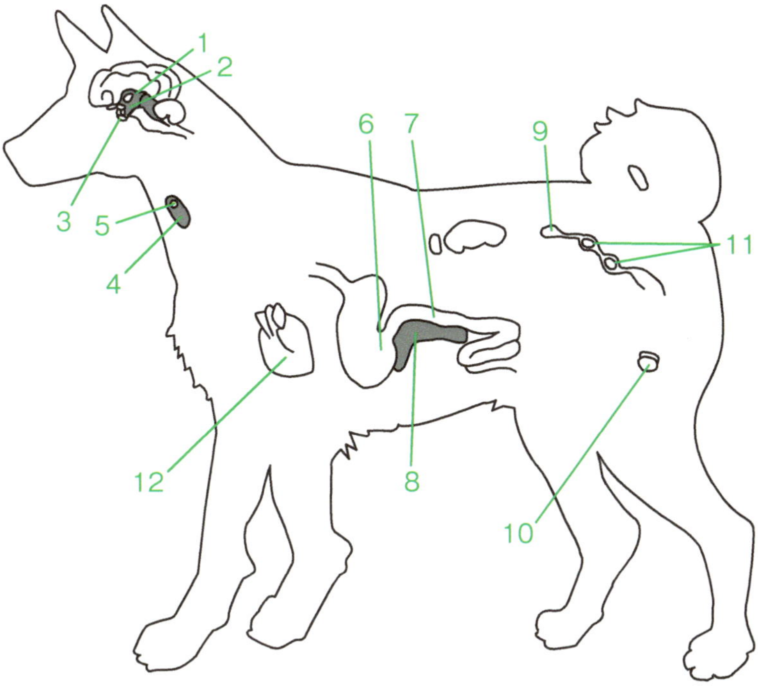


おもな内分泌系（ないぶんぴつけい）

【解答】

1 松果体（しょうかたい） 2 視床下部（ししょうかぶ） 3 下垂体（かすいたい） 4 甲状腺（こうじょうせん） 5 上皮小体（じょうひしょうたい） 6 胃（い） 7 小腸（しょうちょう）
8 膵臓（すいぞう） 9 卵巣（らんそう） 10 精巣（せいそう） 11 胎盤（たいばん） 12 心臓（しんぞう）

# 神経系・内分泌系

## 力だめし問題（答は右ページ下）

問 52　正しいものを選びなさい。
1 大脳縦裂は大脳半球と小脳の間の裂隙である。
2 視床下部は間脳の一部である。
3 脊髄では中心付近を有髄線維が多数走行する。
4 脳梁は左右の視床を結合する。
5 小脳の腹側には第三脳室が存在する。

問 53　正しいものを選びなさい。
1 動眼神経はすべての外眼筋を支配する。
2 滑車神経は背側斜筋のみを支配する。
3 外転神経は外側直筋のみを支配する。
4 三叉神経は表情筋を支配する。
5 顔面神経は咀嚼筋を支配する。

問 54　正しいものを選びなさい。
1 脊髄は延髄から脊髄円錐に向かって急激に細くなる。
2 脊髄の背根は脊髄に入る線維が通過する。
3 脊髄の腹根には脊髄神経節が付随する。
4 ウマの脊髄のみで脊髄末端が馬尾とよばれる。
5 脊髄では硬膜の外周を軟膜が取り囲む。

問 55　正しいものを選びなさい。
1 交感神経の節前線維はすべての脊髄節から派出する。
2 副交感神経の節前線維は胸腰髄から派出する。
3 交感神経幹は胸腹部のみに存在する。
4 迷走神経は副交感性成分を含む。
5 迷走神経は横隔膜の大動脈裂孔を通過する。

問 56　次の内分泌腺のうち、ステロイドホルモンを分泌しているものを選びなさい。
1 下垂体
2 甲状腺
3 精巣
4 膵臓
5 松果体

【解答】

問 52　2　　問 53　2　　問 54　2　　問 55　4　　問 56　3

# 塗り分け問題の解答

Unit2　問題 2（10 ページ）

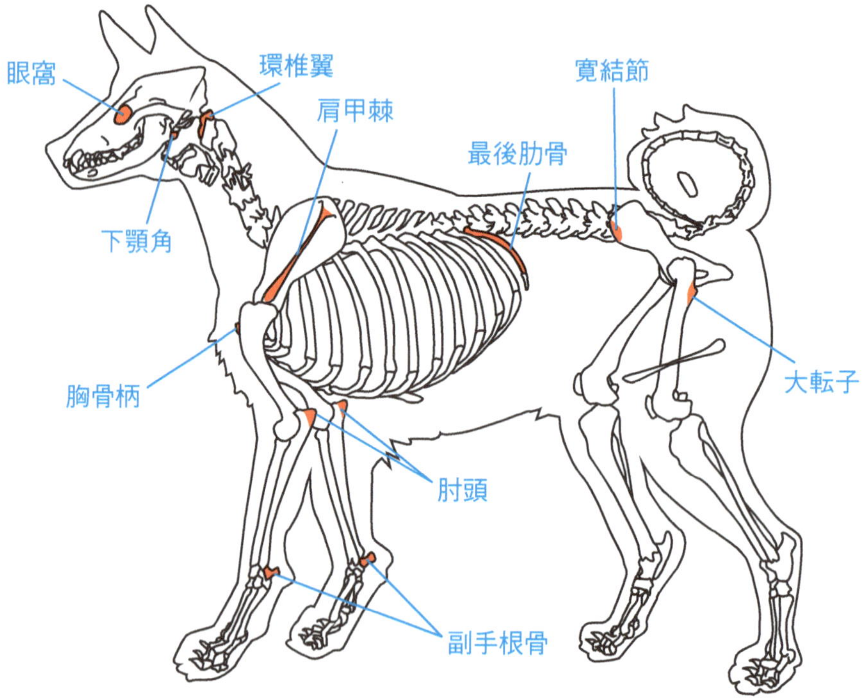


Unit3　問題 2（12 ページ）

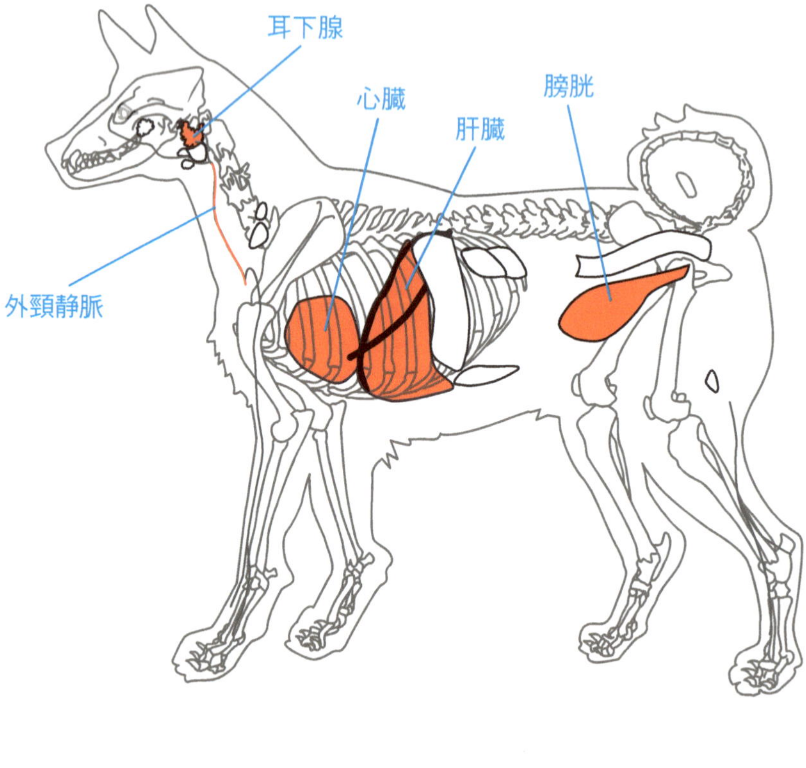

Unit4　問題 2（14 ページ）

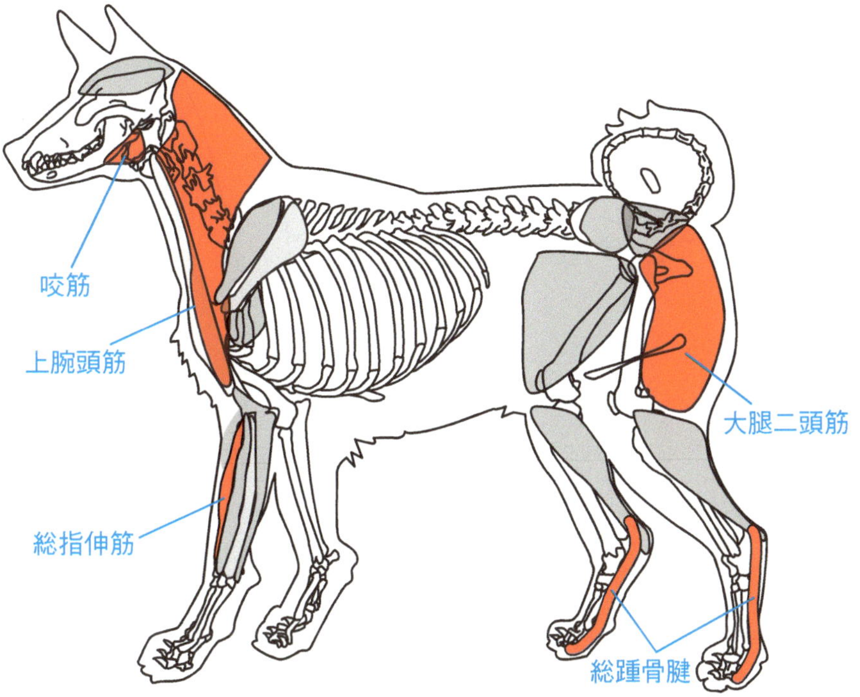


Unit5　問題 2（18 ページ）

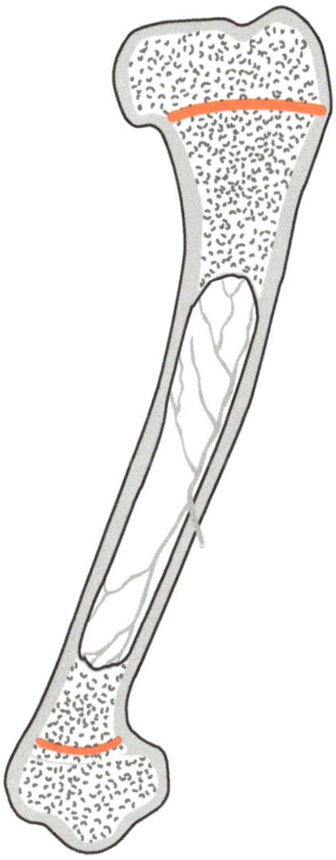

Unit6　問題 2（20 ページ）

Unit7　問題 2（22 ページ）

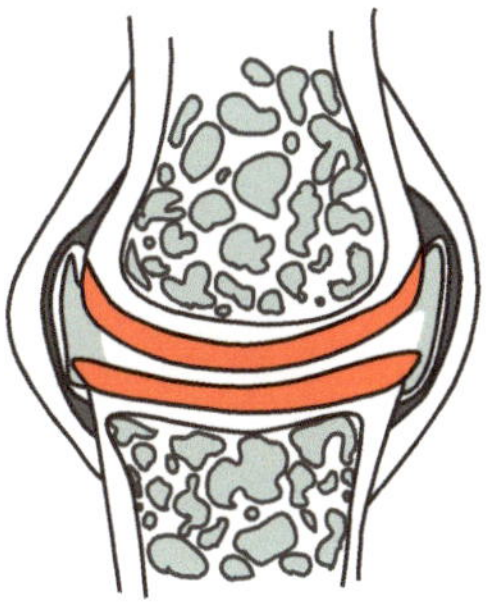

# 塗り分け問題の解答

Unit9　問題 4（26 ページ）

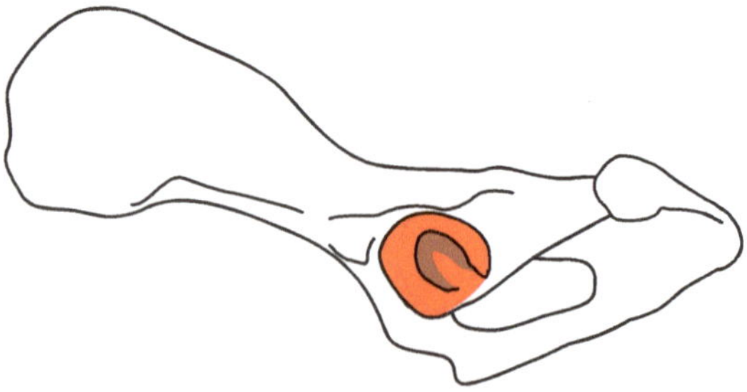

Unit10　問題 2（28 ページ）

Unit11　問題 2（30 ページ）

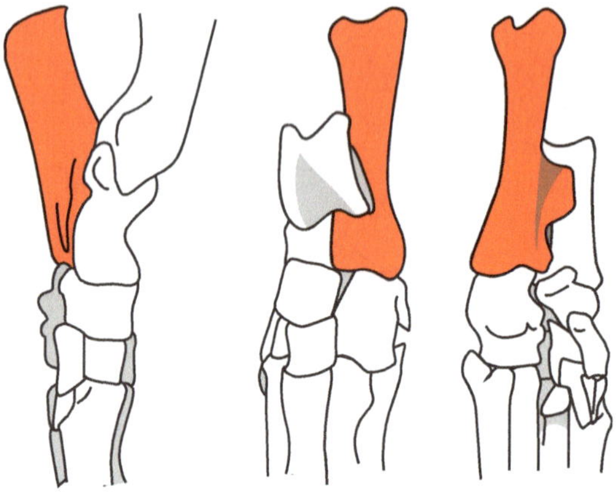

Unit12　問題 4（32 ページ）

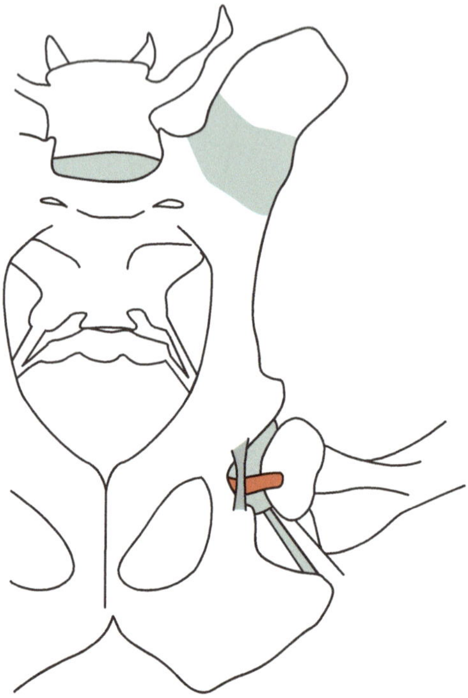

Unit13　問題 2（36 ページ）

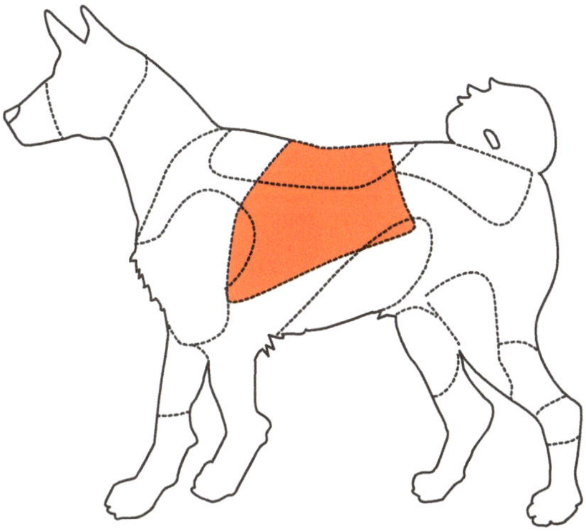

Unit14　問題 2（38 ページ）

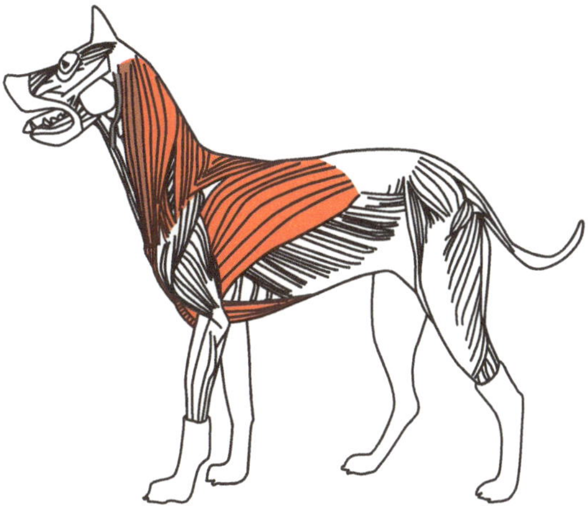

Unit15　問題 2（40 ページ）

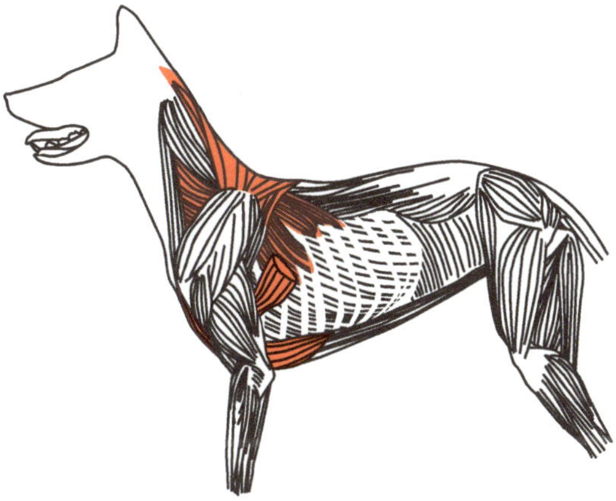

Unit16　問題 3（42 ページ）

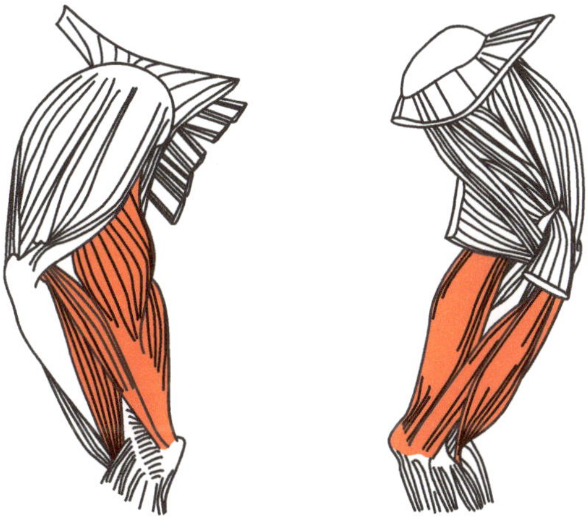

# 塗り分け問題の解答

Unit17　問題 2（44 ページ）

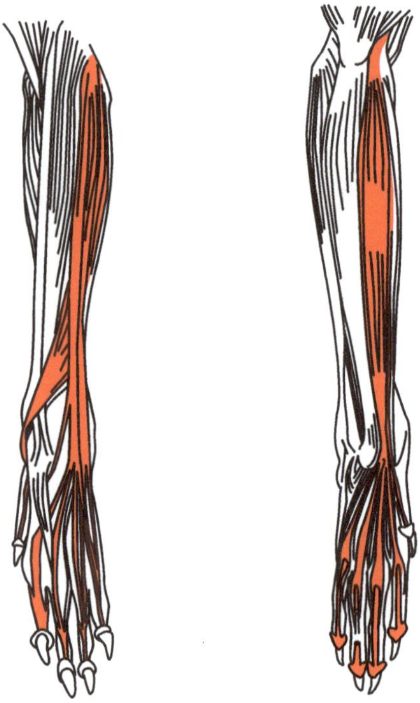

Unit18　問題 3（46 ページ）

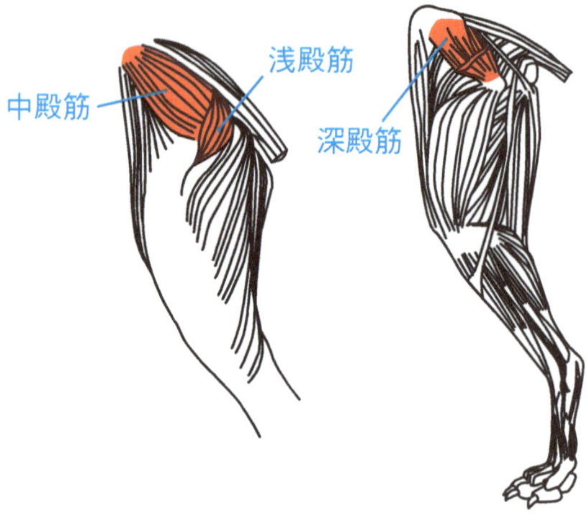


Unit19　問題 3（48 ページ）

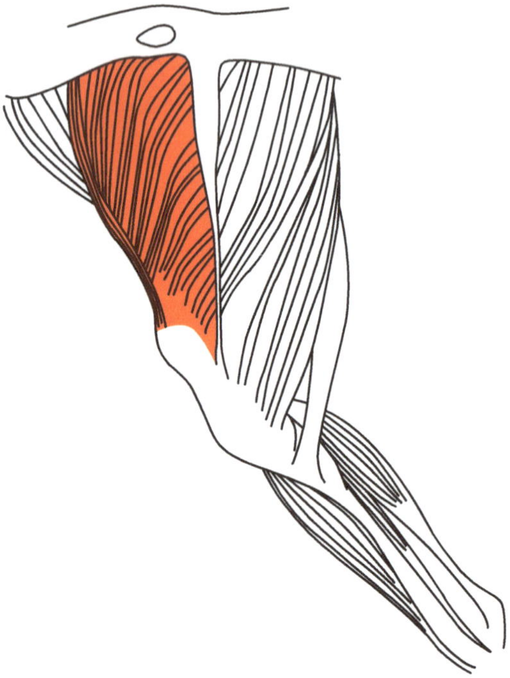

Unit20　問題 3（50 ページ）

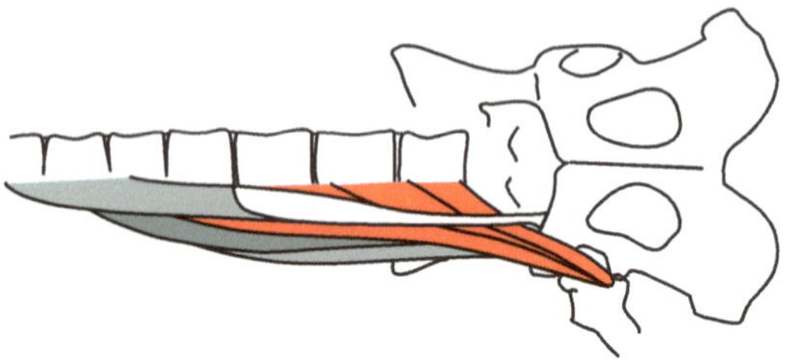

Unit21　問題 2（54 ページ）

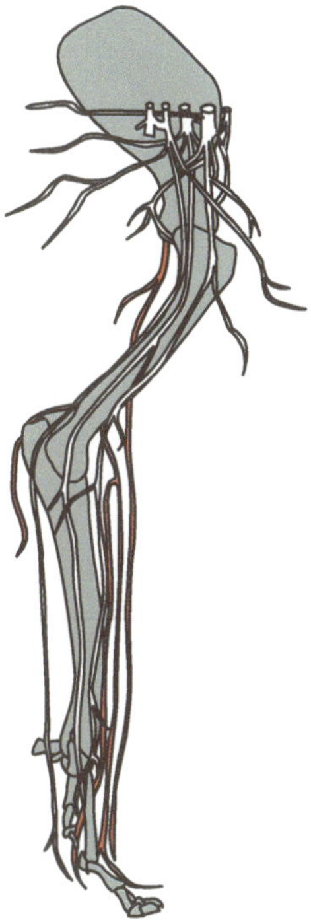

Unit22　問題 2（56 ページ）

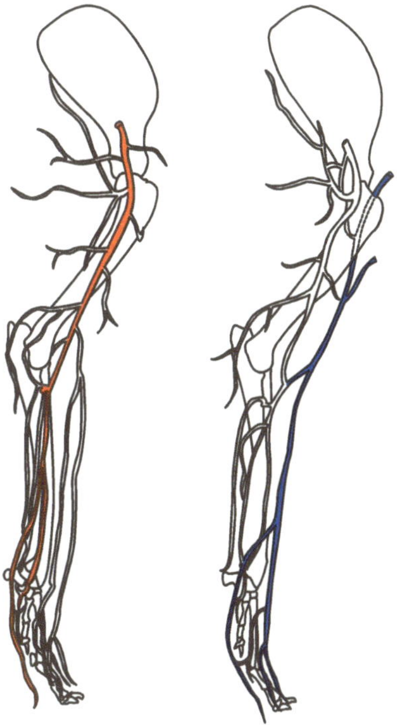

Unit23　問題 2（58 ページ）

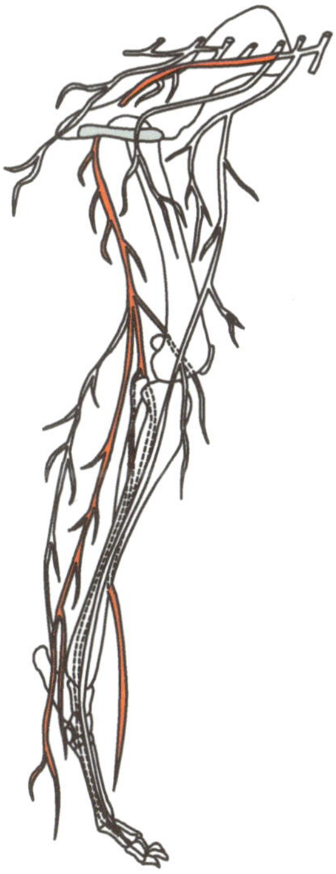

Unit24　問題 2（60 ページ）

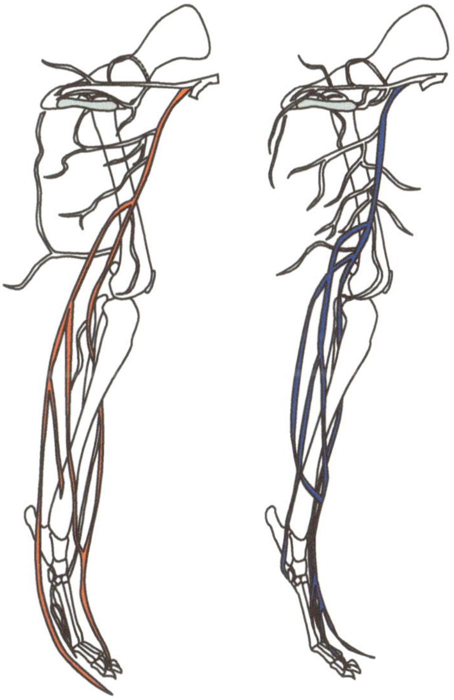

# 塗り分け問題の解答

Unit25　問題 2（64 ページ）

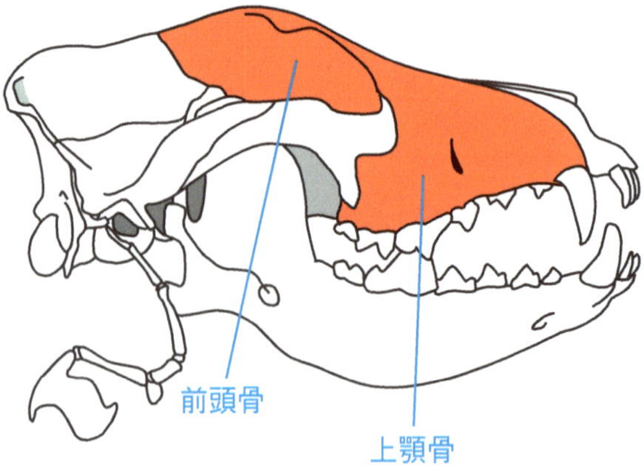


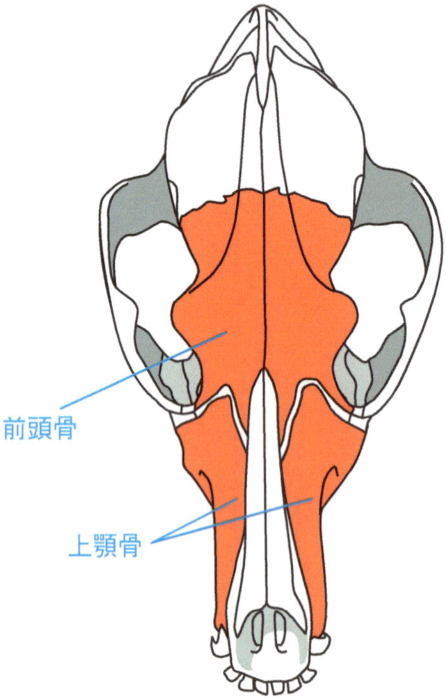


Unit26　問題 2（66 ページ）

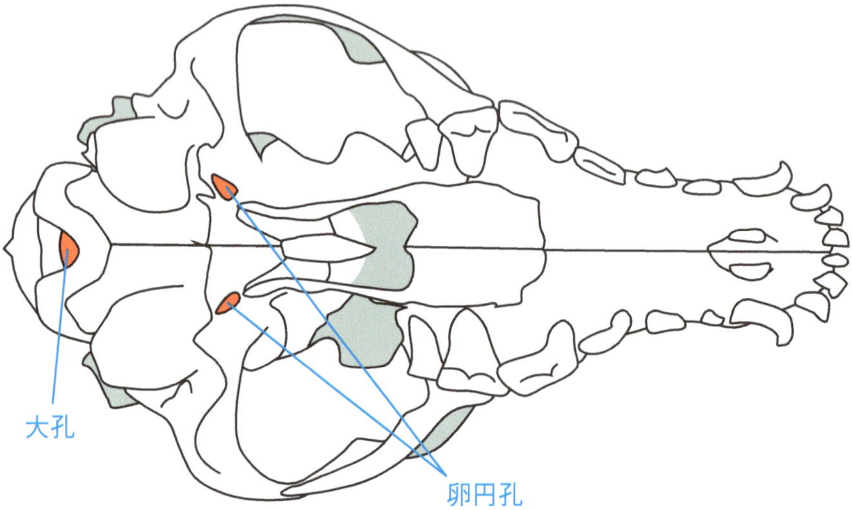

Unit27　問題 2（68 ページ）

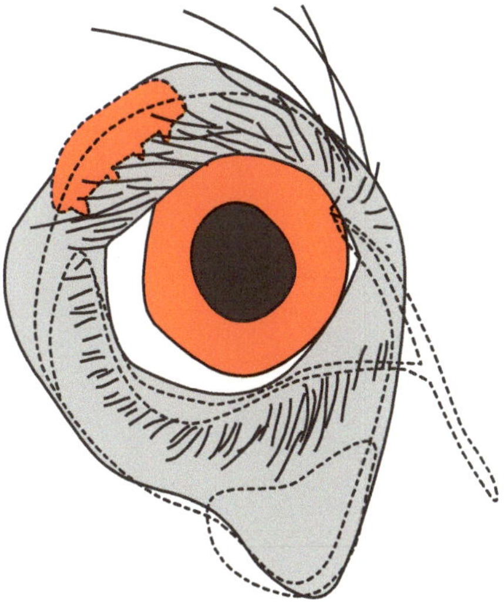

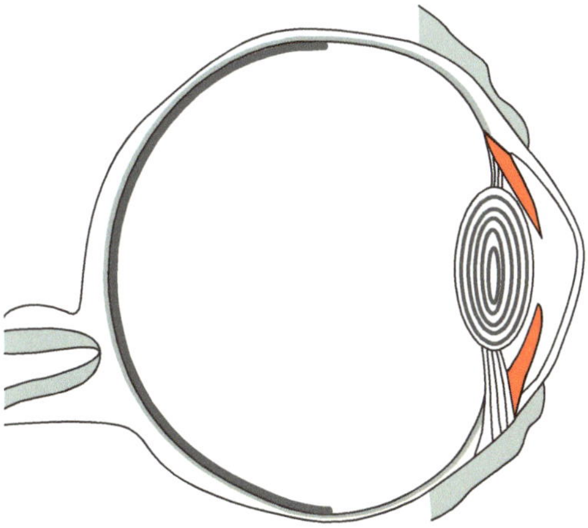

Unit28　問題 2（70 ページ）

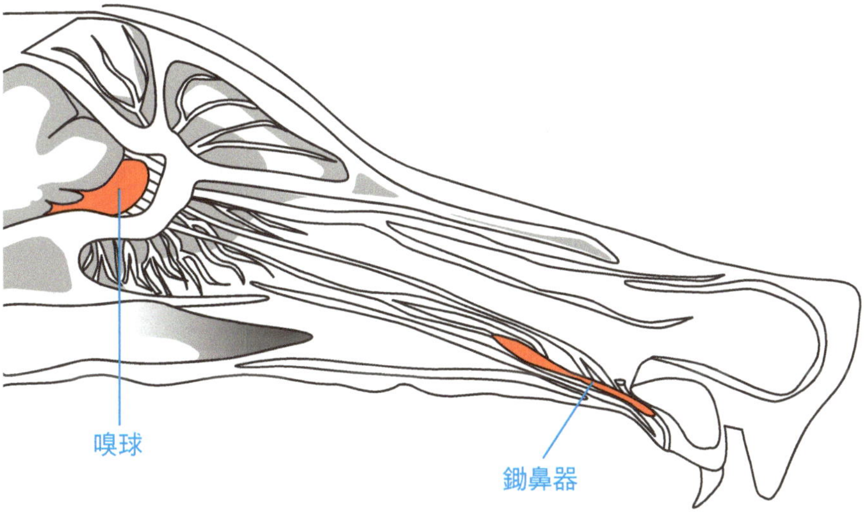

Unit29　問題 2（72 ページ）

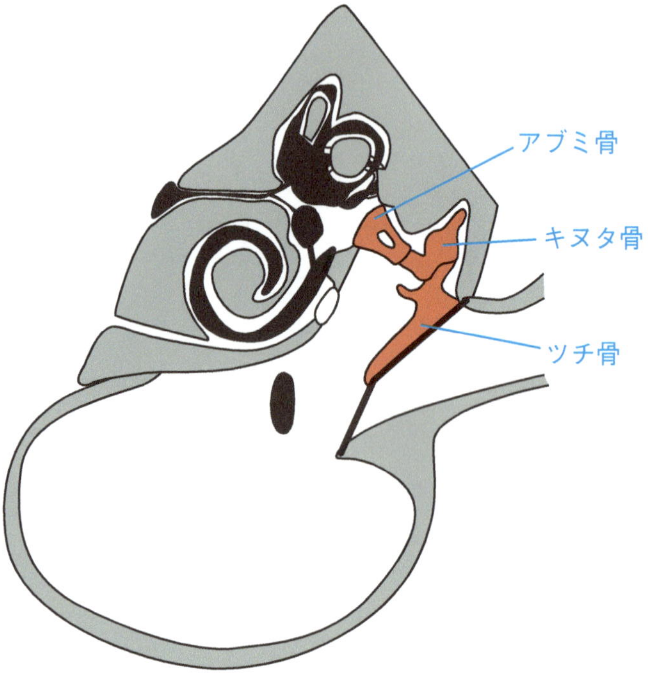


Unit30　問題 2（74 ページ）

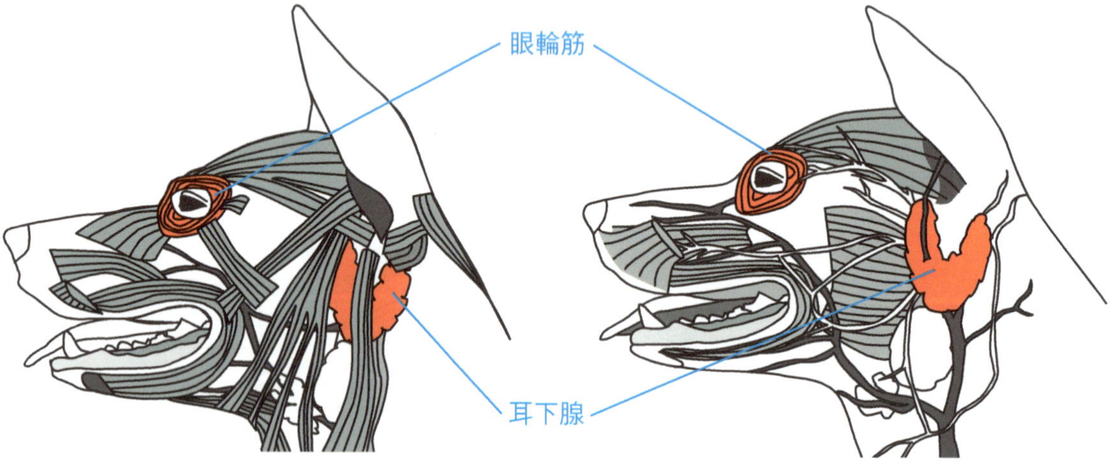

Unit31　問題 2（76 ページ）

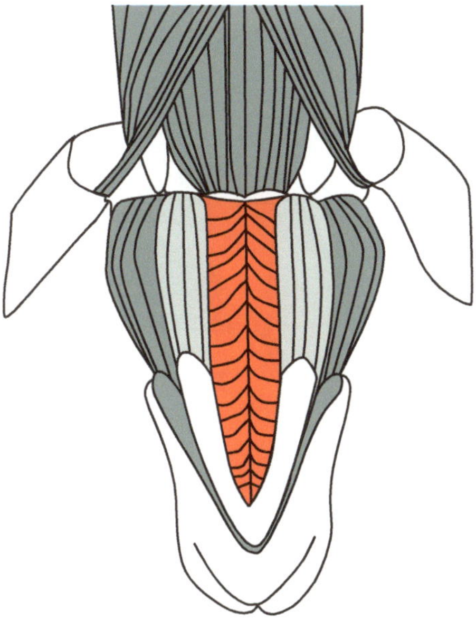

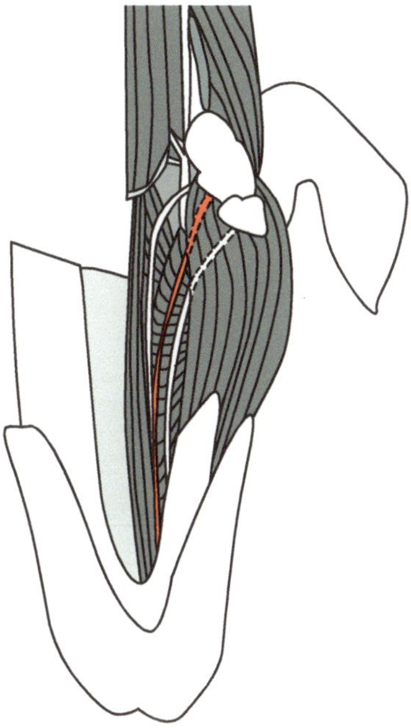

Unit32　問題 2（80 ページ）

イヌ

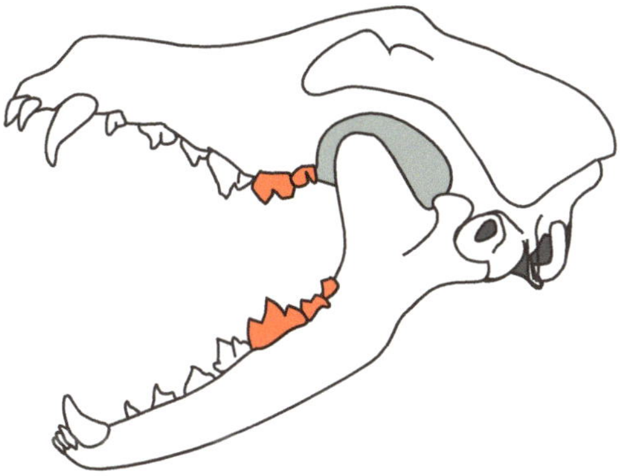

ウシ

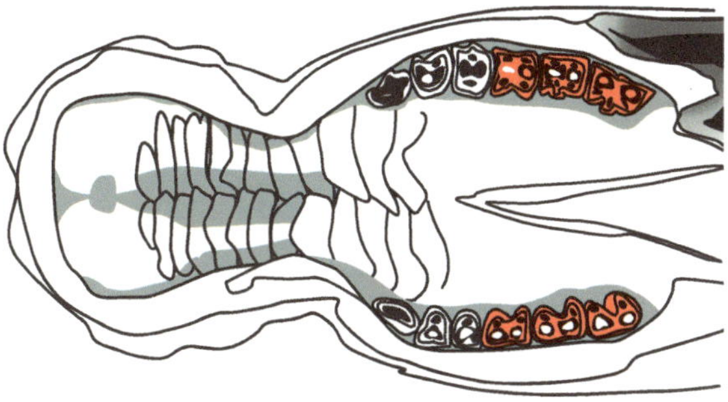

# 塗り分け問題の解答

Unit33　問題 2（82 ページ）

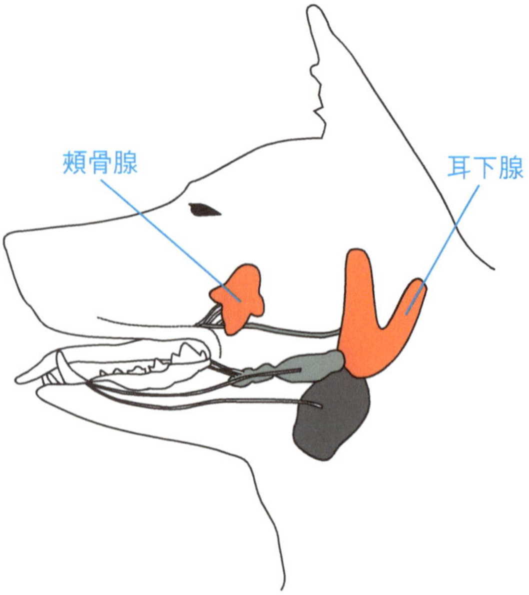


Unit34　問題 2（84 ページ）

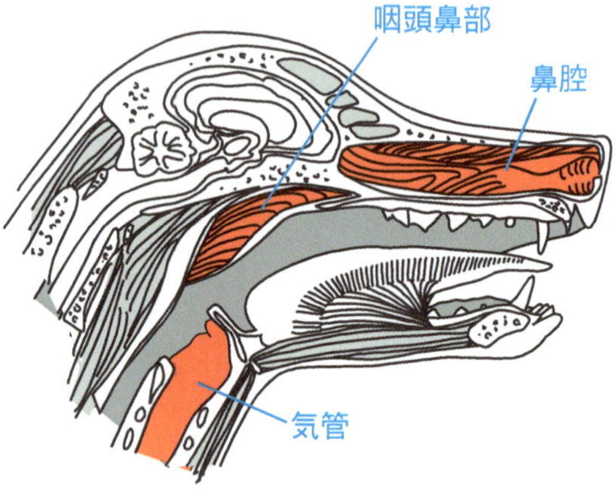


Unit35　問題 2（86 ページ）

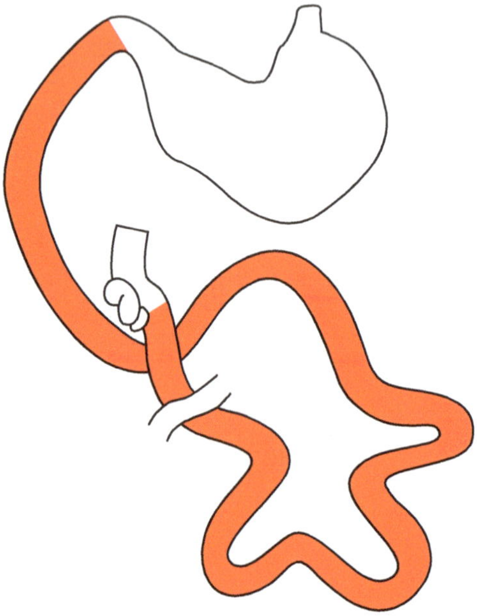

Unit36　問題 2（88 ページ）

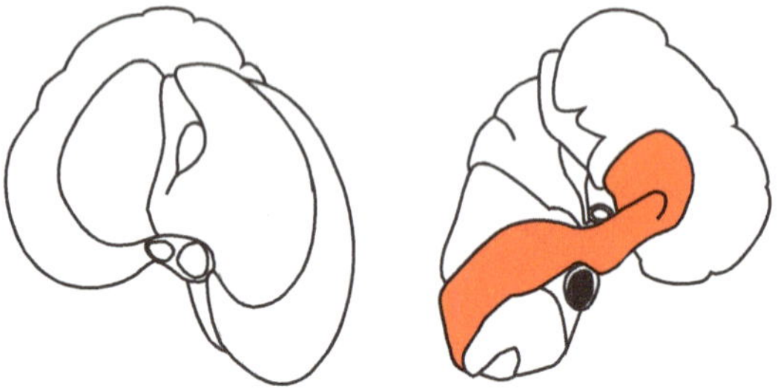

Unit37　問題 2（90 ページ）

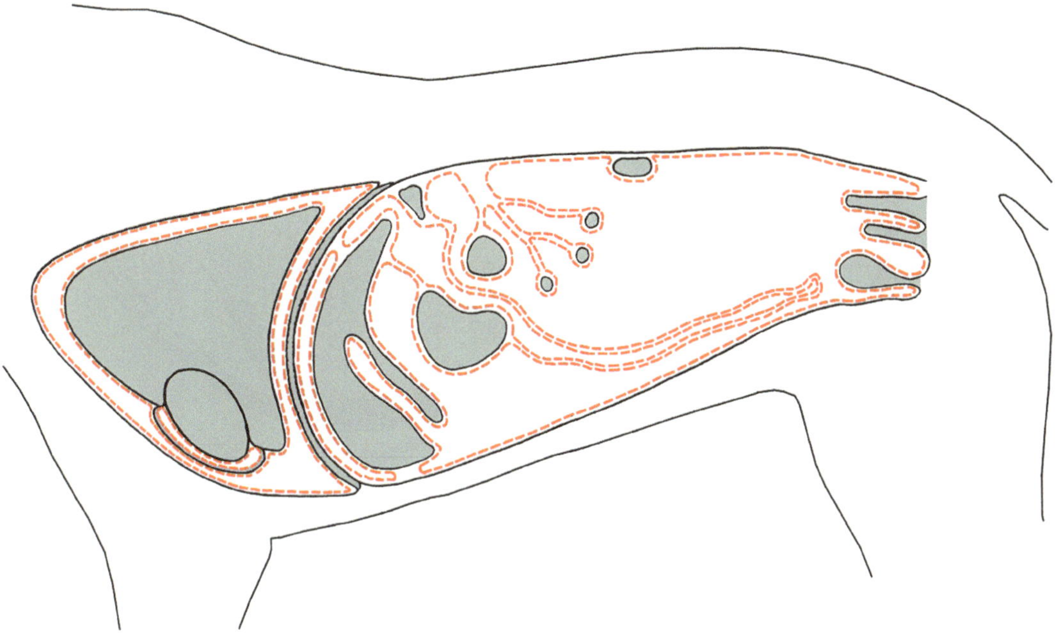

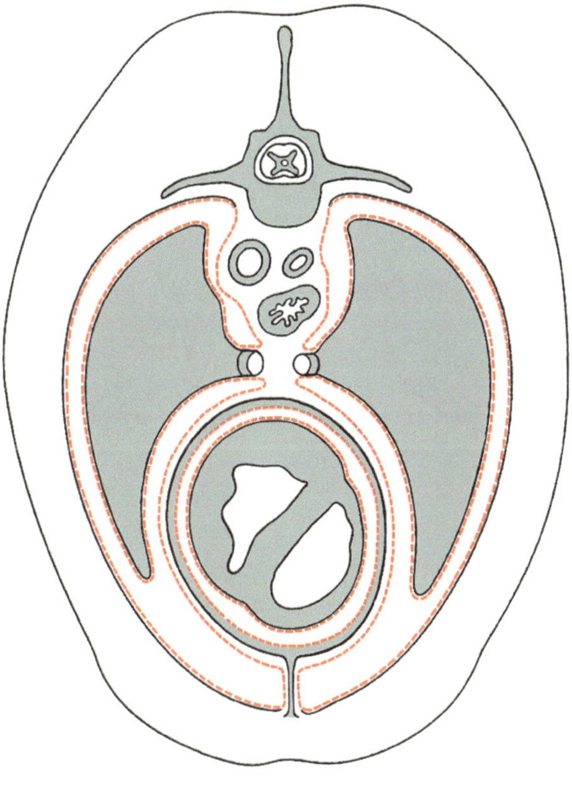

# 塗り分け問題の解答

Unit38　問題 3（94 ページ）

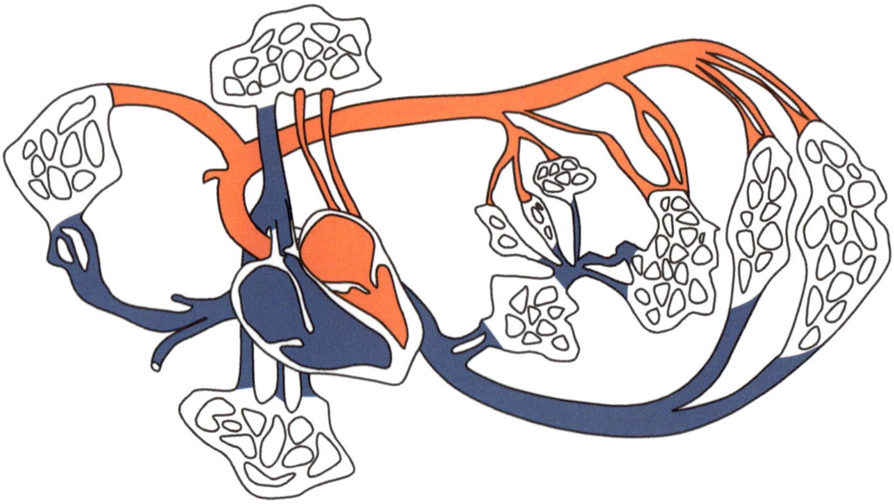

Unit39　問題 2（96 ページ）

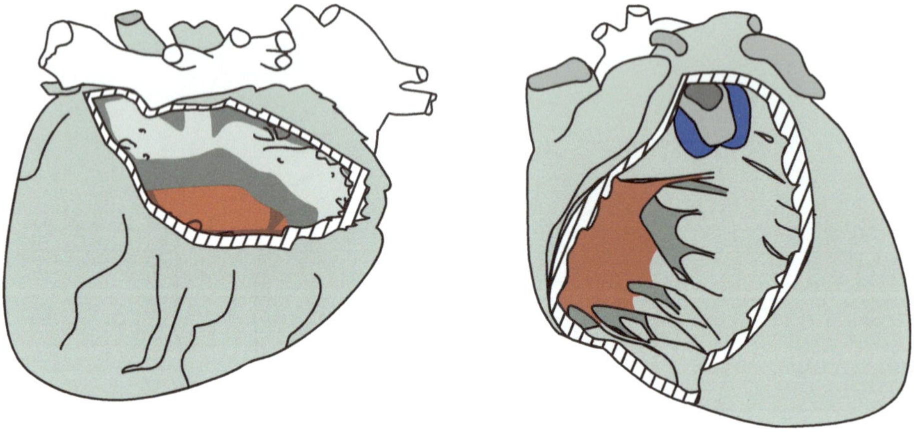

Unit40　問題 2（98 ページ）

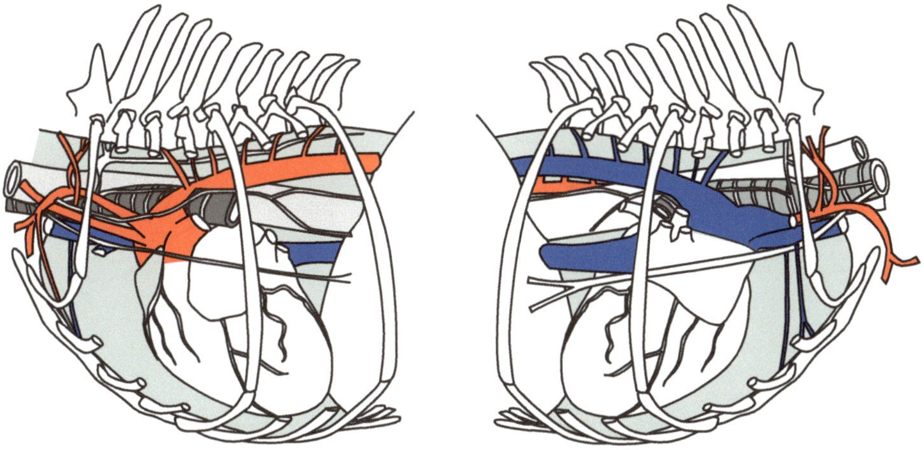

Unit41　問題 2（100 ページ）

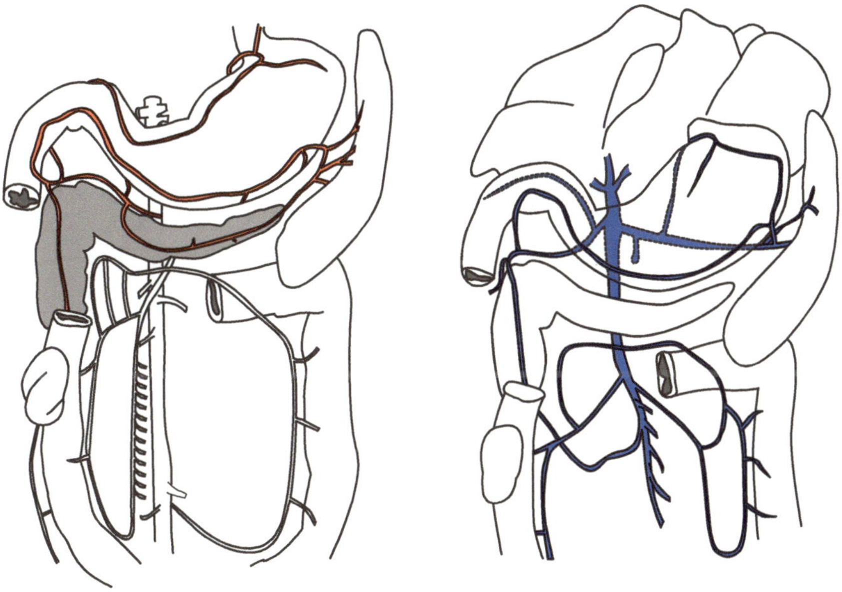

# 塗り分け問題の解答

Unit42　問題２（102 ページ）

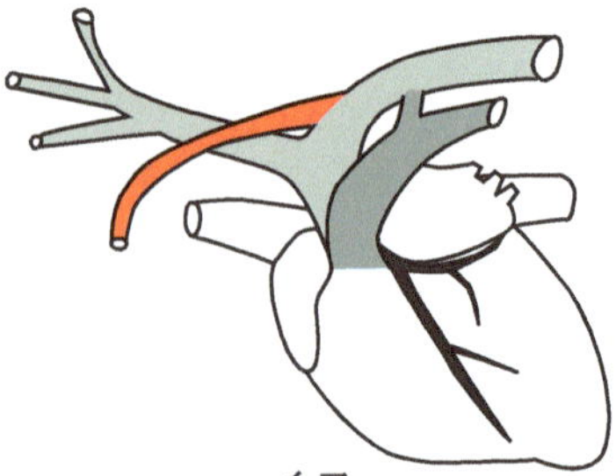

イヌ

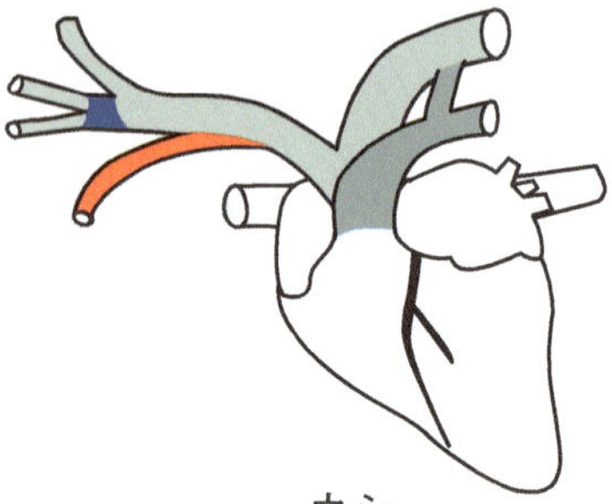

ウシ

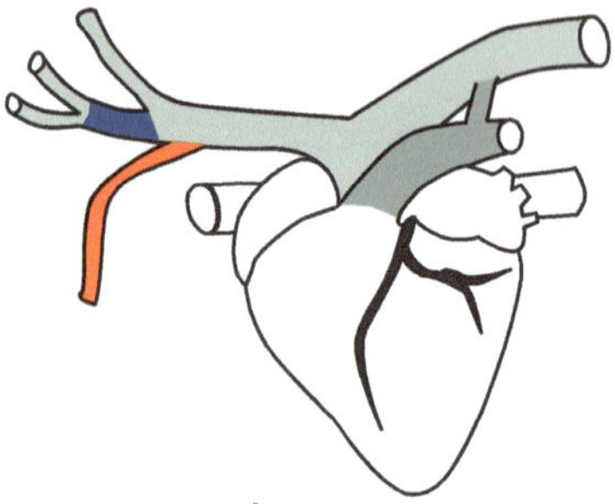

ウマ

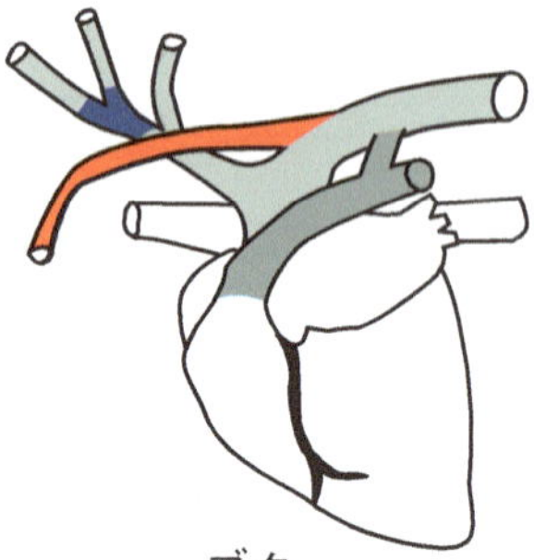

ブタ

Unit43　問題２（104 ページ）

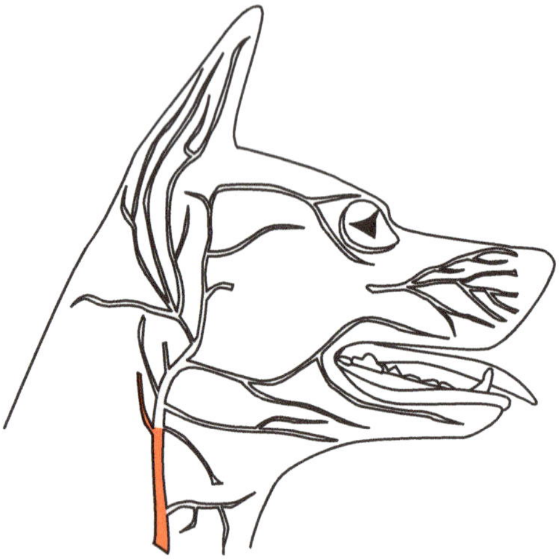

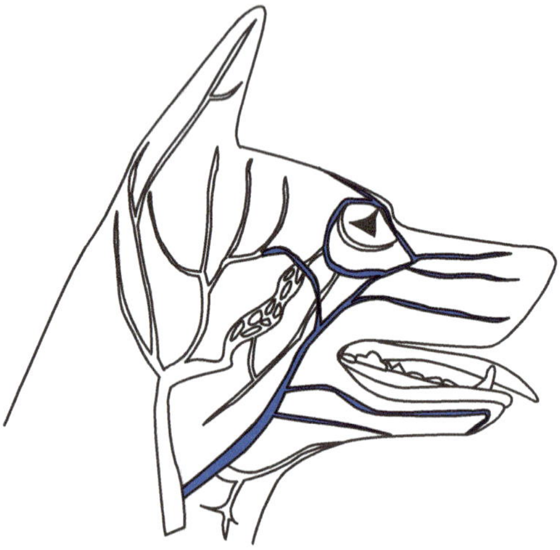

Unit44　問題 2（106 ページ）

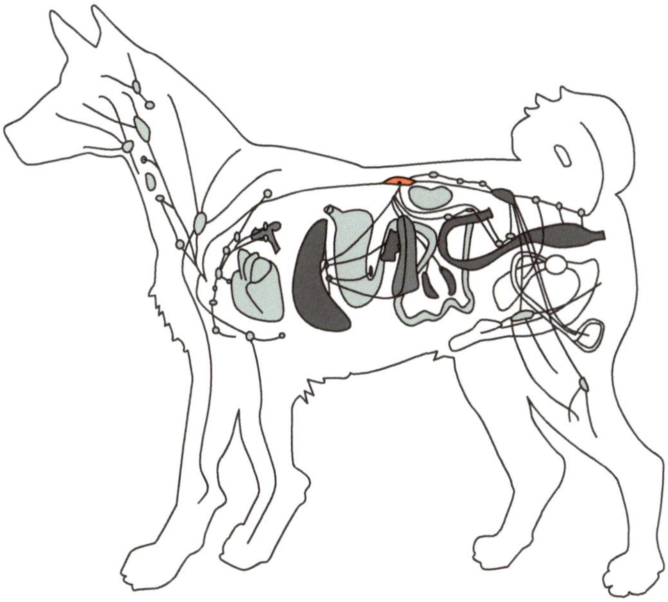

Unit45　問題 2（108 ページ）

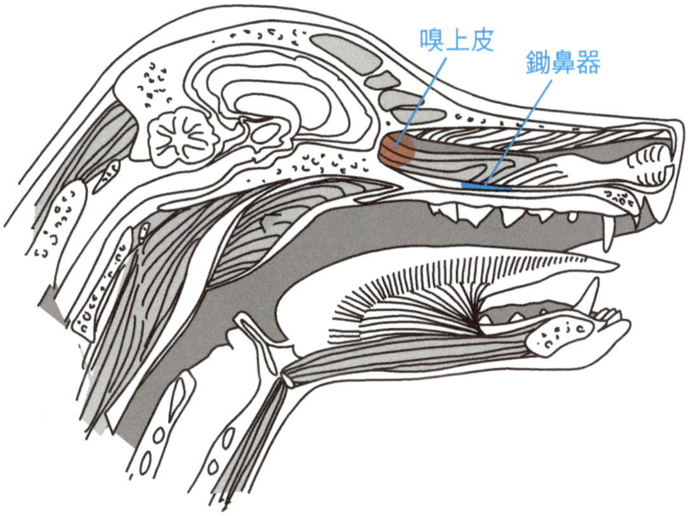

# 塗り分け問題の解答

Unit48　問題２（116 ページ）

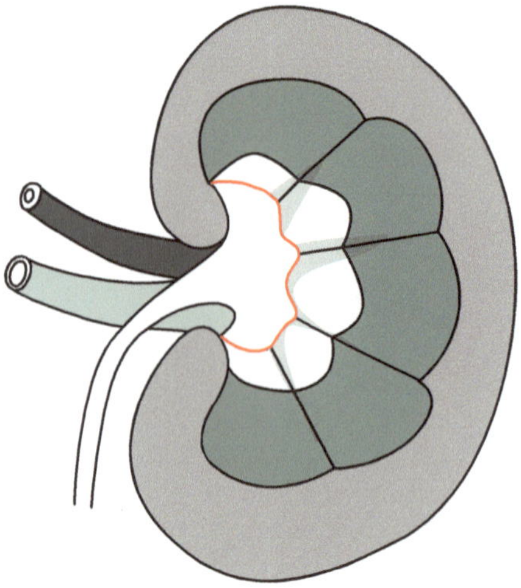

Unit49　問題２（118 ページ）

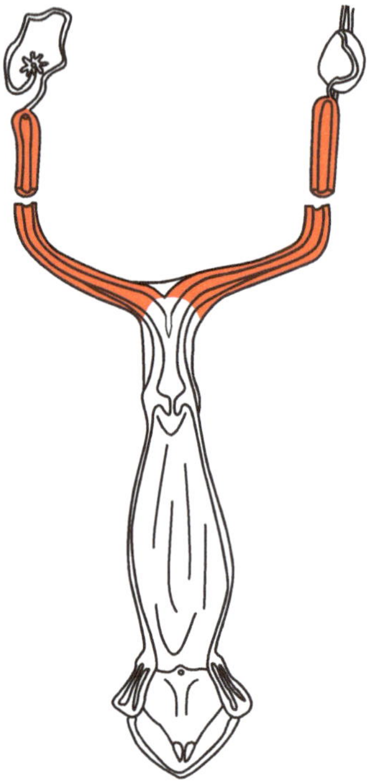

Unit51　問題２（122 ページ）

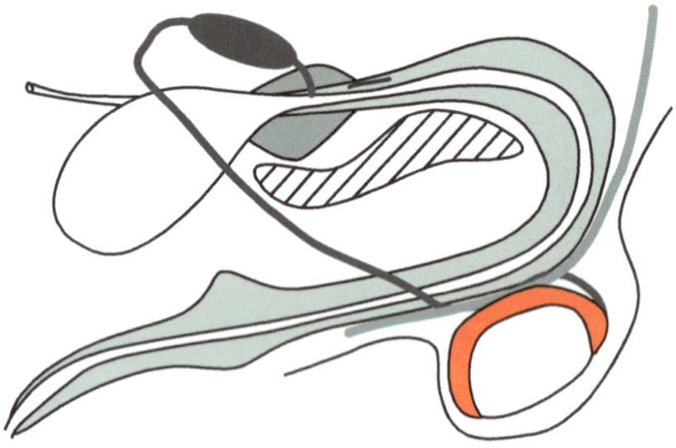

Unit52　問題２（126 ページ）

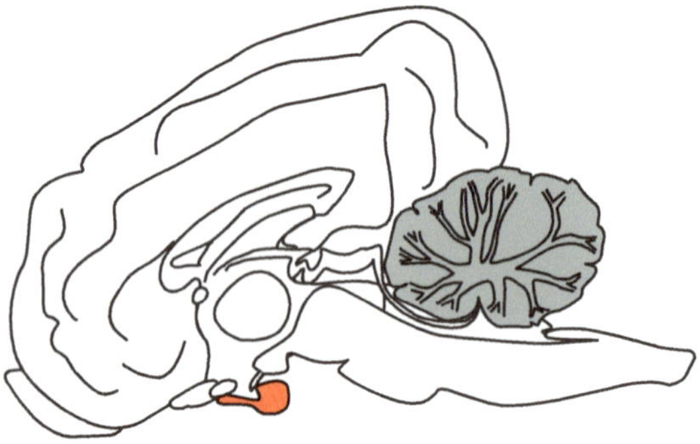

Unit53　問題 2（128 ページ）

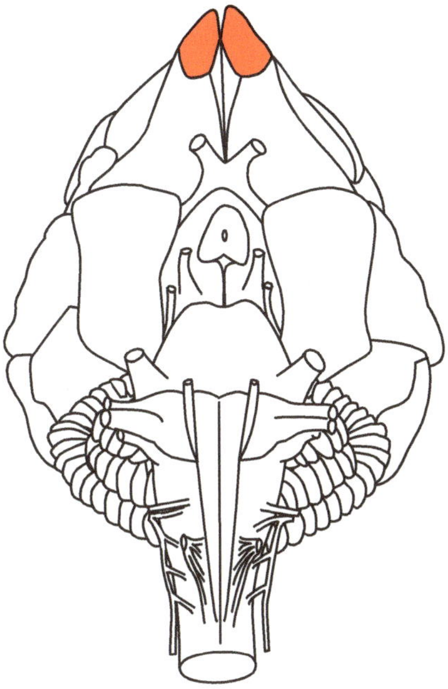

Unit54　問題 2（130 ページ）

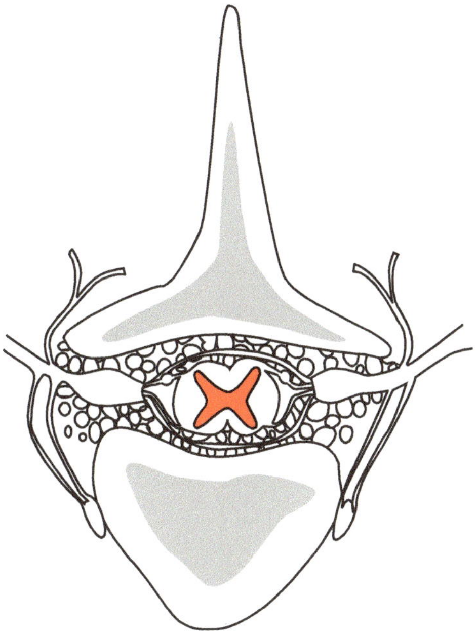

Unit55　問題 2（132 ページ）

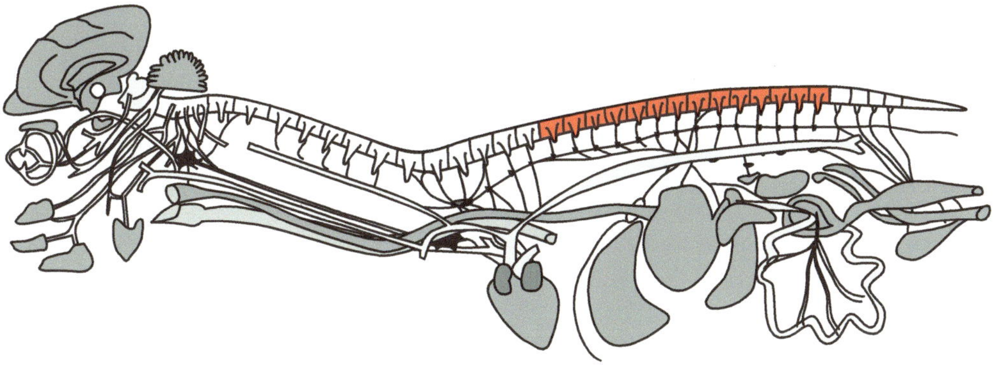

# 塗り分け問題の解答

Unit56　問題 2（134 ページ）

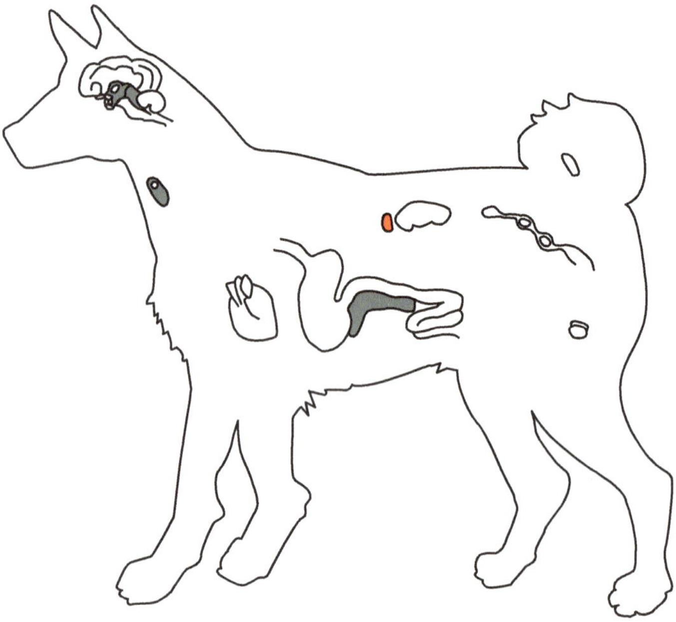

## さくいん


**あ**

頭 8
アブミ骨 72
胃 86、135
胃十二指腸静脈 101
胃底 87
イヌの歯式 80
陰核 119
陰茎 122
陰茎海綿体 123
陰茎後引筋 123
陰茎骨 11
陰唇 118
咽頭 84
咽頭口部 85
咽頭後リンパ中心 107
咽頭鼻部 84、109
陰嚢 122
ウシの歯式 80
右心耳 97
右心室 95、97
右心房 95、97、98
右葉 88
運動性 128
永久歯 80
栄養血管 19、20
腋窩神経 55
腋窩動脈 57
腋窩リンパ中心 107
エリスロポイエチン 114
遠位 9
遠位指節間関節 25
遠位趾節間関節 25、32
遠位列（足根骨の） 30
嚥下 82
延髄 127、130
円錐乳頭 84
円錐傍室間溝 97
横隔面 88
横行結腸 87
黄体 118
オステオン 21
オトガイ孔 11、65
オトガイ舌骨筋 77

**か**

外陰部 118
外果 29
外環状層板 21
外頸静脈 38、75、105
外頸動脈 105
回結腸静脈 101
回結腸動脈 101
外後頭隆起 65
介在層板 21
外耳 72
外耳孔 11
外生殖器 122
外側右葉 89
外側顆 29
外側眼瞼交連 69
外側左葉 89
外側指伸筋 15、45
外側側副靭帯 33
外側大腿筋膜 37
外側半月 33
外帯 117
回腸 87
外腸骨静脈 61
外腸骨動脈 61、100
外転神経 129
外尿道口 119
外鼻 70
外鼻孔 109
外腹斜筋 40
外部生殖器 118
海綿質 19
下顎角 10
下顎孔 65
下顎骨 65
下顎神経 66
下顎腺 13、75、77、83
下顎腺管 77
下顎リンパ節 13、75
下顎リンパ中心 107
顆間隆起 29
蝸牛 73
顎関節 11
顎静脈 75、105
顎舌骨筋 77
顎動脈 66、105
角膜 69
下行結腸 13、87
下垂体 126、135
下腿筋膜 37
下腿骨格 28、30
下腿三頭筋 47
肩関節 11、25
滑車神経 129
滑膜 23
滑膜性関節 22
眼窩 10
眼窩下孔 65
感覚性 128
眼窩裂 67
眼球 68
眼球血管膜 68
眼球線維膜 68
眼球内膜 68
眼球壁 68
眼筋 68
寛結節 10
眼瞼 68
眼瞼腺開口部 69
寛骨 26、28
冠状溝 97
肝静脈 100
幹神経節 133
関節 22
関節液 22
関節腔 23
関節軟骨 19、22
関節包 22
肝臓 88
環椎翼 10、38
貫通管 21
肝動脈 88、101
間脳 126、134
眼房水 68
顔面筋 74
顔面骨 64
顔面静脈 75、105
顔面神経 75、129
顔面深静脈 105
顔面動脈 105
顔面皮筋 36
肝門脈 88、95
眼輪筋 74
機械乳頭 84
気管 99
気管の気管支 111
気管（頸）リンパ本幹 107
奇静脈 98
亀頭球 123
亀頭長部 123
キヌタ骨 72
嗅球 70、127、128
球形嚢 73
嗅細胞 70
弓状動脈 116
嗅上皮 70、108
嗅神経 71
嗅部 70
橋 127
胸および頸棘および半棘筋 41
胸郭 38
胸管 107
胸筋 38
頬筋 75
頬骨 65
頬骨弓 11、65
頬骨筋 75
胸骨舌筋 39
頬骨舌筋 77
頬骨腺 82
胸骨頭筋 15、39
頬骨頭筋 77
胸骨柄 10
胸最長筋および腰最長筋 51
胸神経 131
胸大動脈 98、100
胸腸肋筋 51
胸腹鋸筋 41
強膜 69
胸腰筋膜 37
棘横突筋膜 37
棘下筋 15、41、43
棘筋および半棘筋 51
棘上筋 15、41、43
曲精細管 123
棘突起 11
距骨 28、31
近位 9
近位指節間関節 25
近位趾節間関節 25、32
近位列（足根骨の） 30
筋皮神経 55
筋膜 36
空腸 87
空腸静脈 101
頸 8
頸（皮）筋膜 37
頸溝 38
脛骨 29、31、32
脛骨神経 59
脛骨粗面 29、33
脛骨ラセン 29
頸最長筋 51
頸耳介筋 75
頸静脈突起 65
頸二腹筋 51
茎乳突孔 67
頸皮筋 36
頸膨大 131
血液 94
血管系 94
血管注射 12
結腸 87
結腸膨大部 86
結膜 69
肩甲横突筋 39
肩甲下筋 43
肩甲下神経 55
肩甲棘 10、38
肩甲骨 10、42
肩甲上神経 55
犬歯 81
犬歯筋 75
剣状突起 11
腱上腕（皮）筋膜 37
肩上腕皮筋 36
肩峰 11
口蓋骨 65
交感神経 132
交感神経幹 131
交感神経幹神経節 133
後眼房 69
後臼歯 81
咬筋 14、75、77
口腔 85
口腔腺 74、82
広頸筋 36
硬口蓋 85
虹彩 68
後耳介動脈 105
後肢帯筋 38
甲状腺 135
後膵十二指腸静脈 101
後大静脈 95、97、99、100
後腸間膜静脈 101
後腸間膜動脈 101
後殿神経 59
喉頭 85
後頭顆 65、67
喉頭蓋 85、109
喉頭口 85
後頭骨 65
後頭動脈 105
広背筋 39、43
後背側腸骨棘 27
後鼻孔 67
硬膜 131
硬膜上腔 131
肛門 87
後翼孔 67
口輪筋 75
股関節 25、32
鼓室 73
鼓室後頭裂 67
鼓室胞 65、67
骨芽細胞 18
骨幹部 18
骨形成 18
骨単位 20
骨端版 18
骨端部 18
骨内膜 20
骨盤結合 23、27
骨盤神経 133
骨膜 18、21
鼓膜 73
固有胃腺 86
固有肝動脈 100
固有後肢筋 40
固有前肢筋 40

**さ**

最後肋骨 10
最長筋 41、50
錯綜筋 51
坐骨 27、33
鎖骨画 39
鎖骨下動脈 56
座骨棘 10、27
坐骨結節 27
鎖骨上腕筋 39
坐骨神経 59
鎖骨頭筋 39
左心耳 97
左心室 95、97
左心房 95、97、98
左葉 88
三角筋 15、42
三叉神経 129
三尖弁 96
第三足根骨 31
耳下腺 74、82
耳下腺耳介筋 75
耳下腺リンパ節 13

耳下腺リンパ中心……107
耳管……73
耳管咽頭口……109
子宮……118
子宮角……118
子宮（広）間膜……119
子宮間膜……120
子宮頸……119
子宮頸管……118、121
子宮広間膜……120
子宮枝……121
子宮静脈……120
糸球体……116
子宮体……119、121
子宮動脈……119、121
子宮帆……119
軸索……132
軸上筋……40
軸椎横突起……38
篩孔……70
視交叉……127
肢骨……18
四肢……8
視床……127
視床下部……127、135
耳小骨……72
糸状乳頭……84
茸状乳頭……85
歯床板……81
視神経管……66
視神経……69、127、129
視神経管……67
雌性生殖器……118
膝蓋骨……11、29、33
膝蓋靱帯……33
膝窩筋腱……33
膝窩静脈……61
膝窩動脈……61
膝下リンパ節……13
膝窩リンパ中心……107
膝関節……25、32、46
篩板……71
シャーピー線維……21
尺側……9
尺側手根屈筋……44
尺側手根屈筋尺骨頭……45
尺側手根屈筋上腕頭……45
尺側手根骨屈筋……15
尺側手根骨伸筋……15
尺側手根伸筋……45
射精口……122
尺骨神経……55
縦隔リンパ中心……107
集合管……116
十字靱帯……32
十二指腸……87、88
終脳……126
手根関節……11、25、44
受精卵……118
循環器系……94
小円筋……42
上顎骨……64、67
上顎神経……66
小角突起……109
松果体……127、135
小口腔腺……82
上行結腸……87
上行大動脈……98
踵骨……11、30
硝子体……69
硝子体眼房……68
硝子軟骨……22
小十二指腸乳頭……87、88
小循環……95
上唇挙筋……75
小腎杯……116
小腸……86、135
小転子……29
小粘液腺……82
小脳……127
上皮小体……135
小葉間動脈……116
小腰筋……51
小彎……87
上腕筋……41、43
上腕骨……44
上腕三頭筋……41、42
上腕三頭筋外側頭……43
上腕三頭筋長頭……43
上腕三頭筋内側頭……43
上腕静脈……57
上腕頭筋……14、38
上腕動脈……57
上腕二頭筋……15、43
触診……12
食道……87、99
鋤鼻器……70、108
鋤鼻神経……71
自律神経系……128、132
自律神経節……132
歯列……80
深胸筋……39
伸筋溝……29
深頸リンパ中心……107
心耳……96
深指屈筋……45
腎小体……116
腎静脈……115、117
心尖……97
心臓……94、99、135
腎臓……115、116
靱帯……22
心底……96
深殿筋……46
腎動脈……100、115、117
腎乳頭……116
腎盤……117
深腓骨神経……59
腎門……115、117
腎葉……114、117
腎稜……116
膵管……86、88
髄質……117、134
水晶体……69
膵臓……87、88、135
膵島……134
正円孔……66
精管……123
精管膨大部……122
生殖管……118
生殖腺……122、134
生殖道……122
精巣……122
精巣……135
精巣上体……123
精巣上体管……123
精巣鞘膜……123
精巣静脈……100
精巣中隔……123
精巣動脈……100
精巣白膜……123
精巣網……123
精巣輸出管……123
声帯ヒダ……109
正中神経……55
正中動脈……57
精嚢腺……122
脊髄……126、132
脊髄硬膜……131
脊髄神経……58、130
脊髄神経節……131
舌……85
舌咽神経……129
舌下小丘……83
舌下神経管……66
舌下神経……77、129
舌下神経管……67
舌下腺……77
舌顔面静脈……75
舌顔面動脈……105
節後線維……132
舌骨舌筋……77
舌骨装置……65
節後ニューロン……132
切歯……81
切歯管……71
切歯骨……65、67
舌静脈……105
節前線維……132
舌動脈……105
線維性関節……22
線維性関節包……23
前位尾椎……26
前眼房……69
前臼歯……13、81
浅胸筋……39
前脛骨筋……47
前頸神経節……133
浅頸リンパ節……13
浅頸リンパ中心……107
仙結節……11
仙結節靱帯……33
前甲状腺動脈……105
前喉頭神経……77
仙骨……27、33、130
浅指屈筋……45
前肢帯筋……38
前十字靱帯……33
前膵十二指腸静脈……101
前膵十二指腸動脈……101
浅側頭静脈……105
浅側頭動脈……105
浅鼠径リンパ中心……107
前大静脈……95、97、99
仙腸関節……25、27、32
前腸間膜静脈……100
前腸間膜動脈……101
前腸間膜リンパ中心……107
浅殿筋……15、46
前殿神経……59
前頭筋……75
前頭骨……64
前背側腸骨棘……27
浅腓骨神経……59
前腹側腸骨棘……27
前翼孔……67
前立腺……123
前腕筋膜……37
双角子宮……118
臓器の門……106
総頸動脈……77、102、105
総指伸筋……14、45
総踵骨腱……14
臓側面……88
総胆管……88
層板骨……20
総腓骨神経……59
僧帽筋……39
僧帽弁……96
側頭下顎関節……11
側頭筋……15、75
側頭骨……65
側副靱帯……23
咀嚼……76、82
咀嚼筋……74
足根関節……25、30、32
足根骨……30

**た**

第一胸神経……54
第一足根骨……31
第一中足骨……31
大円筋……41、43
大円筋粗面……42
体幹……8
体幹皮筋……36
大孔……66
大口腔腺……82
第五中足骨……31
第三眼瞼……69
第三眼瞼腺……69
第三仙骨神経……58
第三中足骨……31
大耳介神経……75
大十二指腸乳頭……87、88
体循環……94
大循環……95
大静脈孔……99
大舌下腺管……76
大腿筋膜張筋……47
大腿頸関節……25、32
大腿骨……10
大腿骨頭……29、33
大腿骨……32
大腿骨滑車……29、33
大腿骨頸……29
大腿骨頭……26、29、33
大腿膝蓋関節……25、32
大腿四頭筋……15、41
大腿四頭筋外側広筋……47
大腿四頭筋大腿直筋……47、49
大腿四頭筋内側広筋……49
大腿静脈……61
大腿神経……59
大腿動脈……61
大腿二頭筋……14、40、47
大転子……10、29
大動脈……95、99、103
大動脈弓……97、98、102
大動脈弁……96
大動脈裂孔……99、100
第七腰椎……33
第二胸神経……54
第二仙骨神経……58
第二足根骨……31
第二中足骨……31
大脳縦裂……127
大脳半球……127
第八頸神経……54
胎盤……118、135
大腰筋……51
第四足根骨……31
第四中足骨……31
第四腰神経……58
第六頸神経……54
第六腰神経……58
大彎……87
唾液腺……82
多孔舌下腺……83
多腹筋……40
多葉腎……114
単一子宮……118
胆管……86、89
単孔舌下腺……83
短骨……18
単腎……114
胆嚢……89
単葉腎……114
恥骨……27、33
恥骨筋……49
恥骨櫛……27

腟……119、121
腟前庭……119
緻密質……19、21
着床……118
中隔……127
肘関節……42、44
中間列（足根骨の）……30
中結腸静脈……101
中結腸動脈……101
中耳……72
中手骨……44
中手指節関節……25
中心管……21
中心足根骨……31
中腎傍管……118
中枢神経系……126、130
中足趾節関節……25、32
中足骨……30
中殿筋……15、46
肘頭……10
中脳……126
中鼻甲介……109
虫部……127
聴覚器……72
長骨……18
腸骨……27、33
腸骨筋……51
腸骨稜……27
長趾伸筋……47
長趾伸筋腱……33
聴診……12
腸仙骨リンパ中心……107
長第一指外転筋……45
長腓骨筋……47
腸腰筋……50
腸肋筋……41、50
直精細管……122
直腸……87
椎骨……18
椎骨動脈神経……133
ツチ骨……72
底舌骨……77
底蝶形骨……67
殿筋群……46
殿筋膜……37
頭蓋骨……64
頭蓋内腔……66
洞下室間溝……97
動眼神経……129
頭（顔面皮）筋膜……37
瞳孔……69
橈骨神経……54
頭最長筋……51
橈側……9
橈側手根屈筋……45
橈側手根骨伸筋……15
橈側手根伸筋……45
橈側皮静脈……13、57
頭頂骨……65
頭半棘筋……50
動脈管……96
動脈管索……97
透明中隔……127


## な


内果……29
内管状層板……21
内頸動脈……105
内耳……72
内耳神経……129
内臓神経節……133
内側咽頭後リンパ節……77
内側右葉……89
内側顆……29
内側左葉……89
内側側副靭帯……33
内側大腿筋膜……37
内側半月……33
内帯……117
内腸骨静脈……61
内腸骨動脈……61
内転筋……49
内分泌器……134
内分泌腺……134
内分泌部……134
軟口蓋……85
軟骨性軟骨……22
軟骨内骨化……18
二尖弁……96
乳頭管……116
乳頭筋……97
乳頭突起……88
乳び槽……106
尿管……115、117
尿道……115、123
尿道海綿体……123
尿道球腺……122
脳……126、128
脳回……127
脳幹……132
脳溝……127
脳神経……66、128
脳梁……127


## は


背頬枝……75
背根……131
肺循環……94
肺静脈……95、97、99
肺小葉……111
肺尖……111
背側……9
背側縁……11
背側胸リンパ中心……107
背側視床……127
背側腸骨棘……11
肺動脈……95、97、99
肺動脈弁……96
ハヴァース管……20
薄筋……49
馬尾……131
半規管……73
半月板……32
半腱様筋……41、47
板状筋……51
半膜様筋……41、47
尾……8
皮筋……36
鼻腔……70
腓骨……29
鼻骨……65、71
肘関節……25
皮質……134
尾状突起……88
脾静脈……101
尾状葉……88
鼻唇挙筋……75
脾臓……100
尾側……9
左胃静脈……101
左胃大網静脈……101
左胃大網動脈……101
左胃動脈……101
左腋窩動脈……99
左横隔神経……99
左鎖骨下動脈……99、103
左腎動脈……101
左浅頸動脈……99
左総頸動脈……99、103
左椎骨動脈……99
左内胸動脈……99
左肺……99
左房室弁……96
左迷走神経……99
左卵巣動脈……101
左肋間動脈……99
左肋頸動脈……99
鼻中隔……71
脾動脈……101
鼻軟骨……71
鼻粘膜……70
腓腹筋……15
腓腹筋種子骨……29、33
標的気管……134
鼻涙管……69
副眼器……68
複関節……32
副嗅球……70
腹頬枝……75
腹鋸筋……41
腹筋……40
腹筋膜……37
腹腔動脈……101
腹腔リンパ中心……107
副交感神経……132
副交感神経核……133
腹根……131
伏在静脈……13、61
伏在神経……59
伏在動脈……61
副手根骨……10
副腎……134
副神経……129
副膵管……86、88
副生殖腺……122
腹側……9
腹側腸骨棘……10
腹大動脈……60、98、100
腹直筋……41
副鼻腔……109
腹鼻道……109
副葉……111
吻側……9
噴門……87
分葉腎……114
平衡覚……72
閉鎖孔……27
閉鎖神経……59
辺縁乳頭……84
方形葉……89
縫合……23
膀胱……115
縫工筋……47
縫工筋後部……49
縫工筋前部……49


## ま


膜内骨化……18
睫毛……68
末梢神経……128
見かけ上の多葉腎……114
右胃静脈……101
右胃大網静脈……101
右胃大網動脈……100
右胃動脈……101
右腋窩動脈……99
右横隔神経……99
右結腸静脈……101
右鎖骨下動脈……99、103
右浅頸動脈……99
右総頸動脈……103
右椎骨動脈……99
右肺……99
右房室弁……96
右迷走神経……99
右リンパ本幹……107
右肋頸動脈……99
耳……72
脈絡膜……69
味蕾……84
味蕾乳頭……84
眼……68
迷走神経……77、129、133
盲腸……87
網膜……69
毛様体……69
門脈……89、101


## や


有郭乳頭……85
遊走腎……116
幽門……87
輸入細動脈……116
輸入細動脈壁……114
葉間動脈……116
葉状乳頭……84
腰仙骨神経幹……59
腰仙骨神経叢……58
腰腸肋筋……51
腰椎……130
腰方形筋……51
腰膨大……131
腰リンパ中心……107
翼棘……27
翼突筋静脈叢……105


## ら


卵円窩……97
卵円孔……66、96
卵管……119、121
卵管間膜……120
卵管膨大部……118
卵管漏斗部……119、121
卵形嚢……73
ランゲルハンス島……134
卵巣……119、121、135
卵巣間膜……121
卵巣静脈……120
卵巣提索……120
卵巣動脈……100、119、121
卵巣嚢……118
卵胞……118
リッサ……85
菱形筋……41
両顎動脈……103
両分子宮……118
リンパ系……94
リンパ節……106
リンパ中心……106
涙液……68
涙器……68
涙丘……69
涙骨……65
涙小管……69
涙腺……68
涙嚢……69
レニン……114
肋間筋……40
肋間動脈……98


## わ


腕神経叢……54
腕頭動脈……99、103

## 編著者紹介

尼崎（あまさき） 肇（はじめ）　獣医学博士

1976年　麻布獣医科大学獣医学部獣医学科　卒業
1978年　麻布獣医科大学大学院家畜解剖学専攻科修士課程　修了
1981年　麻布獣医科大学大学院獣医学専攻科博士課程　満期退学
1981～1985年　日本獣医畜産大学　家畜解剖学教室　助手
1985～1992年　日本獣医畜産大学　家畜解剖学教室　講師
1992～2001年　日本獣医畜産大学　家畜解剖学教室　助教授
2005～2018年　日本獣医生命科学大学　教授
2018年～現在　日本獣医生命科学大学　名誉教授
2019年～現在　一般社団法人危機対応獣医協会　代表理事

現在、大学では獣医解剖学、組織学、発生学を担当し、さらにオーストラリア・クイーンズランド大学との国際交流担当、大学院獣医学専攻科長などに従事。学外では獣医師国家試験科目担当審議委員、学会理事など多くの委員を歴任している。2001年　森永奉仕会賞受賞。



NDC 649　159 p　26 cm

書（か）いて覚（おぼ）える　塗（ぬ）って身（み）につく　動物解剖学（どうぶつかいぼうがく）ノート

2016年 3 月24日　第 1 刷発行
2024年 8 月 6 日　第 6 刷発行

編著者　尼崎（あまさき） 肇（はじめ）
発行者　森田浩章
発行所　株式会社　講談社
〒112-8001　東京都文京区音羽 2-12-21
販　売　(03)5395-4415
業　務　(03)5395-3615

KODANSHA

編　集　株式会社　講談社サイエンティフィク
代表　堀越俊一
〒162-0825　東京都新宿区神楽坂 2-14　ノービィビル
編　集　(03)3235-3701

本文データ制作　株式会社　双文社印刷
印刷・製本　株式会社　ＫＰＳプロダクツ

落丁本・乱丁本は，購入書店名を明記のうえ，講談社業務宛にお送りください．送料小社負担にてお取替えします．なお，この本の内容についてのお問い合わせは講談社サイエンティフィク宛にお願いいたします．
定価はカバーに表示してあります．





Printed in Japan

ISBN978-4-06-153742-2